通信工程施工工艺手册

中铁电气化局集团第三工程有限公司 编

中国铁道出版社有限公司

2019年·北京

图书在版编目(CIP)数据

通信工程施工工艺手册/中铁电气化局集团第三工程有限公司编. —北京:中国铁道出版社,2017.8(2019.4重印)
ISBN 978-7-113-23482-9

Ⅰ.①通… Ⅱ.①中… Ⅲ.①通信工程-工程施工-技术手册 Ⅳ.①TN91-62

中国版本图书馆 CIP 数据核字(2017)第 190746 号

书　　名:通信工程施工工艺手册
作　　者:中铁电气化局集团第三工程有限公司

策　　划:王　健
责任编辑:冯海燕　　编辑部电话:010-51873371
封面设计:王镜夷
责任校对:苗　丹
责任印制:高春晓

出版发行:中国铁道出版社有限公司(100054,北京市西城区右安门西街8号)
网　　址:http://www.tdpress.com
印　　刷:中国铁道出版社印刷厂
版　　次:2017年8月第1版　2019年4月第2次印刷
开　　本:850 mm×1 168 mm　1/32　印张:6.125　字数:155 千
书　　号:ISBN 978-7-113-23482-9
定　　价:20.00 元

版权所有　侵权必究

凡购买铁道版图书,如有印制质量问题,请与本社读者服务部联系调换。
电话:(010)51873174(发行部)
打击盗版举报电话:市电(010)51873659,路电(021)73659,传真(010)63549480

《通信工程施工工艺手册》编委会

主　　任：徐佳明　陈洪昌

副 主 任：谷进才　石锋伟

委　　员：袁志鹏　荆广波　孔　松　刘绍鹏
　　　　　孟祥亮　梅子江　袁妍妍　曹恒立
　　　　　刘洪海

顾　　问：郭书通　甘从海　刘勇杰　沙巨生

主　　编：陈留安

编写人员：任继涛　武磊磊　汪克敏　孟令钊
　　　　　王　进　杨小莹　赵令波　孙利欣
　　　　　田志刚　刘红强　李明勋　张　宁
　　　　　沈　阔　沙文辉　李高明

前　言

中铁电气化局集团第三工程有限公司通信分公司积极开展"两学一做"实践活动，坚持"诚信、协作、敬业、创新"的经营理念，积极开拓市场，信守承诺，苦练内功，坚持全过程管理，重安全、严质量，坚持以树立"中铁电化品牌"为远大理想，用"促创干、争一流"的中铁精神，实现企业的伟大梦想。

通信行业发展迅猛、日新月异，铁路通信建设集成服务、总包施工已成为主流，单一的通信工程建设越来越少，我们只有紧跟时代的步伐，认真学习现代通信技术，掌握当今通信工程施工的先进工艺，传承好优良的传统技法，严守通信质量标准，在实践中虚心学习和领会新技术，不断提升自己的施工工艺和企业标准，才能打造通信行业的"样品工程、精品工程"，才能让客户满意、让客户放心，实现通信工程的精品目标。

本手册共分4章，第1章 通信线路建筑施工，第2章 通信设备安装施工，第3章 无线通信建筑安装施工，第4章 安全质量管控和文明施工。另有一篇后记。

本书编写过程中得到了中铁电气化局集团和第三工程有限公司领导的大力支持，通信分公司各部门及项目部也给予了大力协助和支持，值此，特向关心和支持本书编写的领导和同事表示衷心的敬意和感谢。

由于作者能力有限，文中难免有不妥之处，还请读者多提宝贵意见和建议，以求改进。

陈留安

2017年6月

目 录

1 通信线路建筑施工 · 1
  1.1 执行标准 · 1
  1.2 通信线路工程主要施工内容 · 1
  1.3 施工基本要求 · 1
  1.4 通信线路施工 · 2
  1.5 通信线路施工测试 · 54
  1.6 线路施工典型案例 · 58
2 通信设备安装施工 · 63
  2.1 执行标准 · 63
  2.2 通信设备安装施工内容 · 63
  2.3 施工基本要求 · 63
  2.4 施工准备 · 64
  2.5 设备安装、配线 · 68
  2.6 设备安装缺陷举例 · 133
3 无线通信建筑安装施工 · 136
  3.1 执行标准 · 136
  3.2 无线通信主要施工内容 · 136
  3.3 施工基本要求 · 136
  3.4 施工准备 · 136
  3.5 无线通信工程施工 · 138
  3.6 无线通信工程施工缺陷举例 · 181
4 安全质量管控和文明施工 · 184

4.1	安全保证措施	184
4.2	质量保证措施	185
4.3	文明施工	186
4.4	文物保护	187
4.5	成品保护要求	187
后 记		188

1 通信线路建筑施工

1.1 执行标准

(1)《铁路通信工程施工技术指南》(TZ 205—2009)。
(2)《高速铁路通信工程施工技术规程》(Q/CR 9606—2015)。
(3)《铁路运输通信工程施工质量验收标准》(TB 10418—2003)。
(4)《高速铁路通信工程施工质量验收标准》(TB 10755—2010)。
(5)集团公司施工标准化作业系列丛书《通信工程施工作业操作手册》(2014版)。

1.2 通信线路工程主要施工内容

铁路通信线路工程主要施工内容包括:线路测量、径路标定,划线开挖、光电缆防护、光电缆敷设、光电缆接续及测试、沟坑回填及夯实、特殊区段加固、区间设备安装、径路标识,缆线终端引入及成端制作、光电缆中继段测试等。

1.3 施工基本要求

施工前应认真阅读设计文件、施工图纸,参加设计交底,正确理解设计意图、做好业主协调,编好施工组织设计,做好工艺标准宣贯和安全技术培训,认真执行工艺标准,强化过程安全质量监督与控制,配合独立第三方做好工程质量检验,虚心接受业主、监理和当地政府安全质量监督部门提出的意见和建议,坚持过程自检与最终检验相结合,实现工程竣工零缺陷。

1.4 通信线路施工

1.4.1 直埋光缆

1. 直埋光缆结构

光缆的基本结构：PE护套—双面涂塑钢带—阻水纱—缆芯填充物—加强件—松套管—套管填充物—光纤。

常见直埋光缆结构如图1-1～图1-5所示。

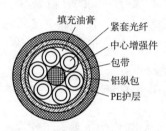

图1-1 紧套层绞式6芯光缆

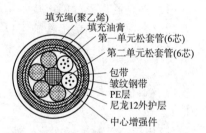

图1-2 松套层绞式12芯直埋光缆

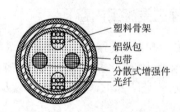

图1-3 骨架式12芯光缆(管道、架空)

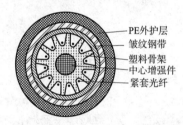

图1-4 骨架式12芯光缆(直埋)

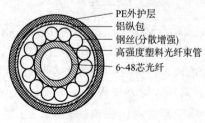

图1-5 束管式6～48芯光缆

2. 光缆命名方法

光缆的型号根据国标 GB 7424—87 规定,由光缆的型式和规格组成。

(1)光缆型式由五个部分组成(图 1-6),说明如下:

图 1-6　光缆代号说明

Ⅰ:分类代号及其意义:

GY——通信用室(野)外光缆;GR——通信用软光缆;GJ——通信用室(局)内光缆;GS——通信用设备内光缆;GH——通信用海底光缆;GT——通信用特殊光缆。

Ⅱ:加强构件代号及其意义:

无符号——金属加强构件;F——非金属加强构件;G——金属重型加强构件;H——非金属重型加强构件。

Ⅲ:派生特征代号及其意义:

D——光纤带状结构;G——骨架槽结构;B——扁平式结构;Z——自承式结构;T——填充式结构。

Ⅳ:护层代号及其意义:

Y——聚乙烯护层;V——聚氯乙烯护层;U——聚氨酯护层;A——铝-聚乙烯黏结层;L——铝护套;G——钢护套;Q——铅护套;S——钢-铝-聚乙烯综合护套。

Ⅴ:外护层的代号及其意义:

外护层是指铠装层及其铠装外边的外护层,外护层的代号及其意义见表 1-1。

表1-1 外护层的代号及其意义

代号	铠装层(方式)	代号	外护层(材料)
0	无	0	无
1	—	1	纤维层
2	双钢带	2	聚氯乙烯套
3	细圆钢丝	3	聚乙烯套
4	粗圆钢丝	—	—
5	单钢带皱纹纵包	—	—

(2)光缆的规格由五部分七项内容组成(图1-7)。

Ⅰ	Ⅱ	Ⅲ	Ⅳ			Ⅴ
			a	bb	cc	

图1-7 光缆的规格组成

其中罗马数字:

Ⅰ——光纤数量,用实际数量1,2,3,…,n表示。

Ⅱ——光纤类型,常用J、T、Z、D、X、S等表示。J代表二氧化硅系多模渐变型光纤;T代表二氧化硅系多模突变型光纤;Z代表二氧化硅系多模准突变型光纤;D代表二氧化硅系单模光纤;X代表二氧化硅纤芯塑料包层光纤;S代表塑料光纤。

Ⅲ——光纤主要尺寸参数,用1,2,3,…,n的数值表示,单位是μm。

Ⅳ——波长、衰减、带宽分别用a、bb、cc三组字符表示,见表1-2。

表1-2 波长、衰减、带宽字符含义

字符	含义	
a	a为1时,表示使用波长在0.85 μm区域	
	a为2时,表示使用波长在1.30 μm区域	
	a为3时,表示使用波长在1.55 μm区域	

续上表

字符	含 义
bb	表示衰减常数,以两位数表示,单位 dB/km
cc	表示模式带宽,以两位数表示,单位 MHz·km

V——适用温度,具体说明见表 1-3。

表 1-3 适用温度字符说明

字符	含 义
V	V 为 A 时,表示适用温度在 -40℃~+40℃
	V 为 B 时,表示适用温度在 -30℃~+50℃
	V 为 C 时,表示适用温度在 -20℃~+60℃
	V 为 D 时,表示适用温度在 -5℃~+60℃

(3)缆线命名举例。

$$GYTA_{53}-8D$$

GY 为室外光缆;T 为填充式结构;A 为铝-聚乙烯黏结护层;53 为单钢带皱纹纵包-聚乙烯套防护;8D 代表 8 芯单模光纤。

3. 光缆特性

(1)衰减系数

光纤衰减系数是指光在单位长度光纤中传输时的衰耗量,单位是 dB/km。

单模光纤(Fiber)有两个低损耗区域,分别是 1 310 nm 和 1 550 nm 窗口。1 550 nm 窗口又分为 C-band(C 波段)(1 525~1 562 nm)和 L-band(L 波段)(1 565~1 610 nm)。如图 1-8 所示。

(2)光纤的色散特性

光脉冲中不同频率或模式在光纤中的群速度不同,这些频率成分和模式到达光纤终端有先有后,使得光脉(Pulse)冲发生展宽,这就是光纤的色散,单位[ps/(nm·km)],如图 1-9 所示。色散用时延差来表示,时延差是指不同频率的信号成分传输同样的距离所需要的时间之差。

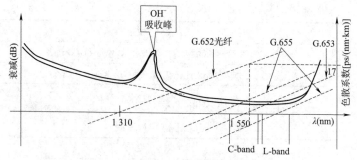

图 1-8　光纤的特性

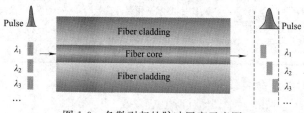

图 1-9　色散引起的脉冲展宽示意图

4. 光缆单盘测试

(1)外观检查,确认光缆制造是否有缺陷,判断光缆运输有无碰撞、挤压问题。

(2)单盘光缆主要测三项指标,即:单盘光纤损耗(dB)、光纤衰减系数(每公里损耗 dB/km)、光纤长度(m)。

(3)光缆指标用光时域反射仪(OTDR)测试。为提高测试精度,始端应加入 200 m 以上的辅助光纤以消除仪表盲区影响。

(4)仪表参数设置:光纤折射率、距离量程、平均化时间等。

(5)通过每芯光纤的三项指标测试和光纤的背向散射曲线,准确判断每根光纤是否存在制造缺陷。

(6)单盘通过 1 310 nm 和 1 550 nm 窗口测试,一旦发现光纤质量存在问题,应及时保存曲线,分析原因,确认是制造问题的,及时和厂方沟通,办理相关退换手续,严禁问题光缆用于工程中。

(7)填写"光缆单盘测试记录"(表 1-4),详细描述单盘测试结果。

表 1-4　光缆单盘测试记录

光缆型号_____　　盘　号_____　　标明盘长_____km
折 射 率_____　　测试仪表_____　　测试地点_____
施工单位_____　　测 试 人_____　　测试日期_____

光纤号	测试项目	光纤衰减(dB)				光纤长度(km)	
		1 310 nm		1 550 nm		1 310 nm	
		A→B	B→A	A→B	B→A	A→B	B→A
蓝管	蓝						
	桔						
	绿						
	棕						
	灰						
	白						
光缆外观检查:包装_____,缆身外观_____,标识_____。							

5. 测试方法

(1)波形说明

1)近端面反射:由 OTDR 光纤连接器与被测光纤之间的连接缝产生。该反射区的光纤损耗不能被探测,这个反射区叫盲区。

2)后向反射光:当光信号通过光纤传播时,由于光纤材料密度的不均匀性和结构尺寸不均匀性会产生瑞利散射,这种散射光是反方向传播的,所以叫后向散射光,如图 1-10 标注。

3)熔接损耗:由光纤熔接点的光纤轴向、角度偏差产生。

4)连接器产生的反射:它不像熔接点,是连接器中存在微小缝隙,当光通过时,便产生反射和损耗。

5)光纤远端的菲涅尔反射:当有光进入光纤后,菲涅尔反射主要发生在光纤末端、断点或折射率发生变化处,比如光纤远端当玻璃与空气垂直接触,就会有大约有 3.4%(−14.7 dB)的入射光被反射。

6)动态范围:是指近端后向散射光与远端散射光($RMS=1$)的差值。

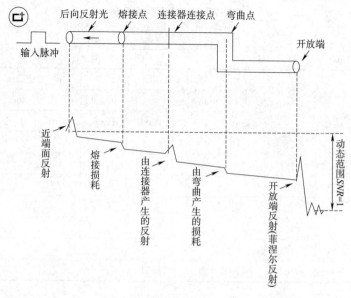

图 1-10　光纤背向散射曲线

7）盲区：由于连接器的连接点存在菲涅尔反射光,导致光纤前端不能测量,该区域为盲区。

（2）测试方法及步骤

1）用酒精将光纤擦拭干净,用光纤切割刀制作光纤断面,光纤断面允许偏差小于5°。

2）将制作好的被测光纤放入光纤接线子(或 V 形槽)一端卡住,再将与 OTDR 相连的辅助尾纤末端放入光纤接线子(或 V 形槽)的另一端,对准后卡紧,即可测试。

3）打开电源,OTDR 通过自检后,设置测试参数(测试范围、测试脉宽、折射率等),然后,按照 OTDR 说明书的操作步骤进行各项指标测试。

4）光纤长度以 1 310 nm 窗口为准,测试时光纤折射率应和光纤出厂参数一致。

5) 光纤固有衰减和衰减系数测试,应根据光纤运用波长进行测试,单模光纤在 1 310 nm 和 1 550 nm 窗口测试,多模光缆在 850 nm 和 1 310 nm 窗口测试。

6) 单盘测试中及时填写测试记录,作为竣工资料的一部分。

7) 单盘内所有光纤测试后,切除为测试开剥的裸光纤,用热缩帽对光缆端头密封,待光缆盘好后,恢复包装物,以便运输。

(3) 常见光纤事件类型

⎯⎤⎣⎯ 没有反射的事件,由熔接等造成。

⎯⎦⎡⎯ 没有反射的事件,由熔接等造成(负熔接损耗)。

⎯⎣⋀⎯ 带有反射的事件,由连接器等造成。

6. 单模光缆出厂指标

(1) 模场直径:$(8.6 \sim 9.5)\mu m \pm 0.7 \mu m$;1 310 nm 窗口典型值:$(9.2 \pm 0.5)\mu m$,1 550 nm 窗口典型值:$(10.5 \pm 1.0)\mu m$。

(2) 包层直径:$(125.0 \pm 1)\mu m$。

(3) 模场同心度误差:1 310 nm 波长$\leqslant 0.8 \mu m$。

(4) 包层不圆度:$< 2.0\%$。

(5) 折射率系数 1 310 nm 窗口为 1.467 5;1 550 nm 窗口为 1.468 1。

(6) 截止波长:λ_{cc}(在 2 m 光纤上测试):1 100~1 280 nm;λ_{cc}(在 22 m 成缆上测试):$< 1 260$ nm。

(7) 单模光纤衰减常数:1 310 nm 窗口$\leqslant 0.35$ dB/km;1 550 nm 窗口$\leqslant 0.21$ dB/km。光纤在 1 288~1 339 nm 波长范围内,任一波长的光纤衰减常数与 1 310 nm 波长相比,其差值$\leqslant 0.03$ dB/km。在 1 525~1 575 nm 波长范围内,任一波长的光纤衰减系数与 1 550 nm 波长相比,其差值$\leqslant 0.02$ dB/km。

(8) 衰减不均匀性:在光纤后向散射曲线上,任意 500 m 长度上的实测衰减与全长度上平均每 500 m 的衰减值之差的最大值$\leqslant 0.05$ dB。

(9) 普通单模 G.652 光纤色散系数。

1)零色散波长 λ_0:在 1 300～1 324 nm 范围之间,零色散斜率 S_{0max} 为 0.093 ps/(nm² · km)。

2)波长在 1 288～1 339 nm 范围内,最大色散系数幅值≤3.5 ps/(nm·km),波长在 1 271～1 360 nm 范围内,最大色散系数幅值≤5.3 ps/(nm·km),但损耗较大,约为 0.3～0.4 dB/km。

3)在 1 550 nm 波段色散较大,约为 20 ps/(nm·km)。但损耗较小,约为 0.19～0.25 dB/km。

(10)偏振膜色散(PMD):≤5.3 $ps/km^{1/2}$。

(11)低色散斜率 G655 光纤,其色散系数在 0.05 ps/(nm·km)以下,在 1 530～1 565 nm 波长范围内色散系数为 2.6～6.0 ps/(nm·km),在 1 565～1 625 nm 波长范围的色散系数为 4.0～8.6 ps/(nm·km)。

(12)G.653 色散位移光纤,是在 G.652 光纤的基础上,将零色散点从 1 310 nm 窗口移动到 1 550 nm 窗口,G.653 光纤色散非常小,容易产生各种光学非线性效应网,因此没有得到广泛应用。

(13)宏弯损耗:单模 B1.1 光纤,以半径 37.5 mm 松绕 100 圈后,其附加衰减<0.05 dB/km。

(14)光纤光缆高低温度衰减特性:在－40 ℃～＋60 ℃时,衰减变化<0.05 dB/km。

(15)光纤在束管中为全色谱标识,光纤着色采用光固化,用丙酮擦拭 200 次后不褪色。

(16)光缆中任意两根光纤的熔接衰减:平均值< 0.02 dB,最大值<0.03 dB。

(17)光缆的机械特性(表 1-5)。

表 1-5 光缆的机械特性

项 目		技术要求	
	受力情况	短期(敷设时)	长期(工作时)
拉伸	缆中光纤允许应变	≤0.1%	≤0.05%
	允许拉力(N)	>1 500	>600

续上表

项　　目	技术要求	
压扁,允许拉力(N)	>1 500	>300
冲击	冲击能量为 5 N/m², 对间隔为 0.5 m 的 5 个冲点击进行冲击,每点冲 5 次	
反复弯曲	负载 150 N,弯曲半径 R 为缆直径的 20 倍,以 30 次/min 的速度±90°反复弯曲 30 次	
外套磨损、松套管弯曲	无	
扭转	受试长度 1 m,轴向张力 150 N,扭转角度±360°(铠装为 180°)	

(18)光缆的环境性能。

1)光缆的环境温度环境试验:按－40 ℃～＋60 ℃且保温时间>12 h,有两层护套时为 24 h,循环 2 个周期,可保持原有光纤特性不变,衰减变化<0.05 dB/km。

2)浸水试验:光缆浸入水中,时间为 24 h,在直流 500 V 电压下测试,聚乙烯外护套的绝缘电阻>2 000 MΩ·km,耐压在不低于直流电压 15 kV,2 min 的条件下不击穿。

3)直流火花试验:直流火花试验检验光缆的完整性,试验电压不小于 18 kV。

4)低温下 U 形试验:光缆在－20 ℃冷冻 24 h 后取出,立即在室内进行 4 次 U 形弯曲试验,光纤不断裂、护套无可见裂纹。

5)低温冲击试验:光缆在－20 ℃下冷冻 24 h 取出,立即在室内接负载 450 g,以 1 m 的高度进行冲击,光纤不应断裂、护套无可见裂纹。

6)滴流试验:在温度 70 ℃环境下,光缆应无填充物和涂覆复合物滴出。

(19)光纤色谱(表 1-6)。

表 1-6 光纤色谱

光纤号	1	2	3	4	5	6	7	8	9	10	11	12
颜色	蓝	橙	绿	棕	灰	白	红	黑	黄	紫	粉红	浅蓝

(20) 护套性能。

1) 隔潮层钢带和金属铠装层在光缆纵向分别保持电气导通。

2) 黏接护套的钢带与聚乙烯之间的剥离强度不小于 1.4 N/mm²,当采用阻水胶时,搭接处不考核剥离强度。

3) 聚乙烯护套的机械性能见表 1-7。

表 1-7 聚乙烯护套的机械性能

序号	项目	单位	指标			
			LLDPE	HDPE	MDPE	ZRPE
1	抗拉强度 热老化处理前(最小值)	MPa	10.0	12.0	16.0	10.0
2	热老化前后变化率(最大值)	%	20	20	25	20
3	断裂伸长率,热老化处理前最小值	%	350			125
4	热老化处理后温度(最大值)	℃	10±2			
5	热老化前后变化率|ES| 热收缩率(最大值)	%	5			
6	热老化处理温度	℃	100±2		115±2	
7	热老化处理时间	h	4		4	
8	耐环境应力开裂(50 ℃,96 h)	个	失效数/试样数:0/10			

注:LLDPE、MDPE、HDPE 和 ZRPE 分别为线性低密度、中密度、高密度聚乙烯和阻燃聚烯烃的简称。

7. 多模光缆出厂指标

常见的多模光缆有 A1a 和 A1b 两种,由于多模光纤芯径较粗,数值孔径大,能从光源中耦合更多的光功率,多用于网络中弯路多、节点多、光功率分路频繁、需要有较大光功率的局域网传输,长途线路很少使用,多模光缆的特性指标见表 1-8。

表 1-8　多模光纤主要特性一览表

光纤类型		A1a	A1b
纤芯直径(μm)		50.0±2.5	62.5±2.5
包层直径(μm)		125±2	125±2
芯/包层同心度误差(μm)		≤1.5	≤1.5
纤芯不圆度		≤6%	≤6%
包层不圆度		≤2%	≤2%
涂覆层外径着色(μm)		250±15	250±15
包层涂层同心度误差(μm)		≤12.5	≤12.5
衰减系数 (dB/km)	850 nm	2.4~3.5	2.8~3.5
	1 310 nm	0.55~1.5	0.6~1.5
模式带宽 (MHz·km)	850 nm	200~800	160~800
	1 310 nm	200~1 200	200~1 000
数值孔径(nm)		0.2±0.02	0.275±0.015
光纤最小筛选能力(GPa)		0.69(10%光纤应变)	

1.4.2　直埋电缆

1. 对称电缆结构

对称电缆中芯线的扭绞常用的有对绞、星绞两种形式,如图 1-11 所示。

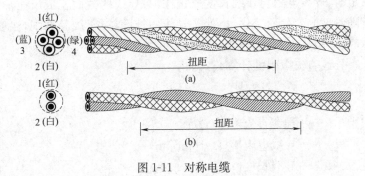

图 1-11　对称电缆

星绞式是把四根绝缘芯线排列在截面为正方形的四个角上,然后扭绞在一起,其扭距约为 100～300 mm,如图 1-10(a)所示。

对绞式是将两根绝缘导线依一定的扭距进行扭绞,其扭距根据电缆对数而定,但不超过 300 mm,如图 1-10(b)所示。

2. 电缆型号代号说明(表 1-9)

表 1-9 电缆型号代号说明

分类代号	导体	绝缘方式	内护套	派生特性	外护套
H 市话	T 铜	Z 纸	Q 铅套	P 屏蔽芯线	2～3
HE 长途对称	L 铝	M 纱包	H 橡套	Z 综合	
HD 电化通信专用	G 钢	V 聚氯乙烯	B 编织涂蜡	C 自承式	
HJ 局用		X 橡胶	V 聚氯乙烯	L 防雷	
HP 配线		YF 泡沫聚乙烯	L 铝套	J 加强	
HO 同轴		Y 聚乙烯	Y 聚乙烯		
HU 矿用电缆		B 聚苯乙烯	A 聚乙烯铝箔综合护套		
P 信号电缆		S 丝包	VV 双层聚氯乙烯		
HH 海底光缆		F 复合物	LW 皱纹铝管		

3. 电缆的电特性

(1)导线的直流电阻

导线直流电阻的大小,首先取决于导线的电阻率,在导线材料一定时,导线电阻与导线长度成正比,与导线的截面积成反比,并且随温度的变化而变化,也就是导线的长度越长,线径越细,温度越高,电阻越大。

导线直流电阻的计算公式如下:

$$R = \rho \frac{L}{S}$$

式中　R——导线直流电阻(Ω);

　　　ρ——导线电阻率($\Omega \cdot mm^2/m$);

　　　L——导线长度(m);

S——导线的横截面积(mm^2)。

(2)导体电感

当导线内通过交流电流时,便在导线的内部及其周围产生交变磁场,导线的磁通量与产生此磁通的电流之比,称为电感。

双线回路每 km 的电感量的计算公式如下:

$$L=\left(4\ln\frac{a}{r}+k\mu_r\right)\times10^{-4}\,(H/km)$$

式中　ln——对数符号;

　　　a——两导线中心间距离(cm);

　　　r——导线的半径(cm);

　　　k——导线材料的相对导磁系数;

　　　μ_r——由于趋肤效应而使电感减小的系数。

(3)电容

由电工学的知识可知,被介质隔开的两个金属导体(极板),可以构成一个电容器。电容器的容量与极板的面积、极板间的距离及绝缘材料的介电常数有关。

在双线回路中,线路电容是分布在线路沿线的。线路越长,相当于电容并联越多,合起来的电容也就越大。这就是说,线路电容与线路的长度成正比。

(4)电导

电阻的倒数就叫电导,它与电阻的定义正好相反,电导就是引导电流通过,用字母 G 表示,单位为西门子,它和电阻的关系式为:

$$G=\frac{1}{R}$$

式中　G——导线的电导(S);

　　　R——导线的电阻(Ω)。

(5)波速度

波速度即电磁波的传播速度,即电磁波在单位时间内的传播

距离。在一个周期 T 内,电磁波的传播距离为 λ,表明电磁波的传播速度为:

$$v = \frac{\lambda}{T} = \lambda f = \frac{1}{\sqrt{LC}}$$

式中　　v——速度;

　　　　λ——波长;

　　　　f——频率;

　　　　T——周期;

　　　　L——电缆的电感量;

　　　　C——电容。

(6)波阻抗(特性阻抗)

把沿线任一点同时存在的电压波(U)与电流波(I)的比值称为波阻抗,即波阻抗 $Z_c = \dfrac{U}{I}$。

4. 单盘电缆测试

(1)电缆芯线通断检查

1)常见万用表测试,万用表分指针式和数字式两种,以下以数字万用表为例说明。

2)数字万用表面板如图1-12所示。

图1-12中序号解释:

①液晶显示屏:显示仪表测量的数值及单位。

②POWER 电源开关:开启及关闭电源。

③LIGHT 背光开关:开启及关闭背光灯。

④HOLD 保持开关:按下此功能键,仪表当前所测数值保持在液晶显示器上,再次按下,退出保持功能状态。

⑤电容(Cx)或电感(Lx)插座。

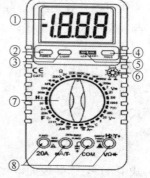

图1-12　数字万用表

⑥hFE测试插座:用于测量晶体三极管的hFE数值大小。

⑦旋钮开关:用于改变测量功能及量程。

⑧电压、电阻、温度及频率插座、小于2A电流及温度测试插座、20A电流测试插座、公共地。

3)万用表使用方法。检查芯线通断使用电阻档。将两只表笔分别接在被测的线对上,观察表头指示,当表头示值与线对环阻接近时,确认线对为通,当示值偏差大时,应进行检查和确认。

(2)电缆绝缘电阻测试

1)电缆绝缘常用兆欧表测试。

2)兆欧表选择:根据缆线类型进行选择。市话电缆选用额定电压为250V的兆欧表;长途对称电缆选用额定电压为500V兆欧表。

3)仪表自检:开路检查,两根表线悬空,用每分钟60转左右速度转动兆欧表的发电机,观察表头指针指向,指向"∞"(无穷大)常。短路检查,两根表笔线短接,缓慢转动发电机手柄,指针回归"0",短路正常,开短路检查正常兆欧表合格。

4)兆欧表接线:表上有三个接线柱,L接被测线,E接比较线,G"屏蔽"接地线,被测线末端应散开、不接地。

5)测量:兆欧表接好线后,摇动兆欧表的发电机使其转速保持在120 r/min,当表头指针稳定后的示值即为被测线的绝缘电阻值,被测线越长,测试时间越长。如图1-13、图1-14所示。

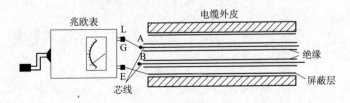

图1-13 线间绝缘测试

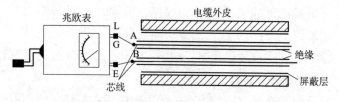

图 1-14　芯线对地绝缘测试

6)拆线:兆欧表停止转动后应先将被测线对地放电,然后更换到下一根被测线。

(3)电气绝缘强度测试

1)电缆的电气绝缘强度常用耐压测试仪测试。

2)耐压测试接线方式同兆欧表。

3)仪表挡位选择:应根据被测电缆类型选择。长途对称电缆线间测试电压 1 000 V,对地为 1 800 V,测试时间 2 min。

4)测试:当被测线在规定的电压下测试 2 min,芯线绝缘不击穿则为合格。

(4)环阻及不平衡电阻

1)环阻测试,运用的是直流电桥原理(图 1-15)。

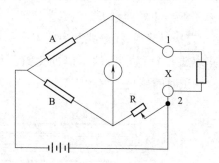

图 1-15　环阻测试原理

A/B—比例臂示值(1 000、100、10、1、1/10、1/100、1/1 000 等);

R—比较臂示值;X—被测电阻阻值,$X=\dfrac{A}{B}R$

被测电阻接在仪器的 X_1 和 X_2 接线端上,开关扳向"接入",电键扳向 R 调节检流计零位调节钮指针指零。估计被测电阻值,然后调节比例臂指示值,按顺序按下 G 按钮(0.01,0.1,1,此时仪器的工作电源已同步接入电桥回路),同时调节比较臂旋钮,使检流计指针在零线上无偏转,此时比较臂数值乘以比例臂数值即为被测电阻值。

2)不平衡电阻测试。

第一种方法:借用一根辅助线,测试辅助线与被测线对的环阻,两个环阻的差,即为被测线对的不平衡电阻。

第二种测试方法:使用直流电桥的 V 挡测试时,接线如图 1-16 所示。

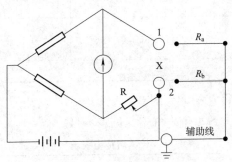

图 1-16 不平衡电阻测试原理

仪器的比例臂设定为 1/1,当电桥表头平衡时,其比较臂读数即为线对的不平衡电阻值 ΔR:$\Delta R = R_a - R_b$。

(5)填写"通信电缆单盘测试记录表"(表 1-10)

表 1-10 通信电缆单盘测试记录表

盘号_____ 标明盘长_____ km 端别_____ 型号_____ 测试地点_____
施工单位_____ 测试人_____ 测试日期_____
仪表 万用表_____

一、芯线对号

芯线对号	错号或混线、断线的线对

二、电容耦合值　　　　　　　　　　　　　　　　仪表_____

组别	测试值(pF)			组别	测试值(pF)		
	k_1	e_1	e_2		k_1	e_1	e_2
Ⅰ				Ⅱ			

三、环阻、环阻不平衡及绝缘电阻　　　　　　　　仪表_____

组别	对别	回线电阻测试值(Ω)	环阻不平衡(Ω)	线间绝缘电阻(MΩ)	对地绝缘电阻(MΩ)
四线组 (0.9 mm)	Ⅰ	1			
		2	Ⅱ		
信号线 (0.7 mm)		1			

外观检查:外包装_____、缆身_____。

5. 电缆的主要电气指标

(1)长途对称电缆电气指标见表 1-11。

表 1-11　长途对称电缆电气指标

序号	项　　目	测量频率	单位	标准	备注
1	直流环阻(20 ℃)				实测值/L
1-1	线径 0.9 mm	直流	Ω/km	≤28.5	
1-2	线径 0.7 mm	直流	Ω/km	≤48	
1-3	线径 0.6 mm	直流	Ω/km	≤65.8	
2	绝缘电阻				实测值×L
2-1	线径 0.9 mm	直流	MΩ·km	≥10 000	
2-2	线径 0.7 mm	直流	MΩ·km	≥5 000	
2-3	线径 0.6 mm	直流	MΩ·km	≥5 000	
3	电气绝缘强度 (测试 2 min)				

续上表

序号	项目	测量频率	单位	标准	备注
3-1	芯线与金属外护套间（对地）	直流	V	$\geqslant$1 800 (2 min)	
3-2	芯线间电气绝缘强度	直流	V	$\geqslant$1 000 (2 min)	
4	电容耦合				实测值/ $(L/500)^{1/2}$
4-1	电容耦合 k_1 平均值	0.8～1.0 kHz	pF/500m	$\leqslant$81	
4-2	电容耦合 k_1 最大值	0.8～1.0 kHz	pF/500m	$\leqslant$330	
4-3	e_1、e_2 平均值	0.8～1.0 kHz	pF/500m	$\leqslant$81	
4-4	e_1、e_2 平均值	0.8～1.0 kHz	pF/500m	$\leqslant$330	

注：L 为被测电缆长度。

(2) 铜芯聚烯烃绝缘铝塑综合护套通信电缆电性能要求（表1-12）。

表1-12 铜芯聚烯烃绝缘铝塑综合护套通信电缆电性能

序号	内容	标准				换算
1	导线电阻（20℃）					实测值/L
1-1	导线直径(mm)	0.4	0.5	0.6	0.8	
1-2	单线电阻(Ω/km)	$\leqslant$148	$\leqslant$95	$\leqslant$65.8	$\leqslant$36.6	
2	绝缘电阻(MΩ·km)（兆欧表转速 120 r/min）					实测值×L
2-1	填充型	3 000				
2-2	非填充型	10 000				
3	电气绝缘强度(V)（测试 1 min）					
3-1	所有芯线与金属外护套间	3 000				
3-2	芯线间	1 000（实心）/700（泡沫）				
4	断线、混线	不断线、不混线				

注：L 为被测电缆长度。

1.4.3 直埋光电缆线路埋深及其他要求

(1)长途光电缆埋深要求见表 1-13。

表 1-13 长途光电缆埋深要求

序号	敷 设 地 段	埋深(m)
1	普通土、硬土	≥1.2
2	半石质(砂砾土、风化石等)	≥0.9
3	全石质、流砂	≥0.7
4	水田	≥1.4
5	穿越铁路(距路基面)、公路(距路面基层顶面)	≥1.2
6	穿越沟、渠	≥1.2
7	市区人行道	≥1.0
8	铁路路肩	普通土、硬土、半石质	≥0.8
9		全石质	≥0.5

(2)直埋光电缆与其他建筑物的最小间距见表 1-14。

表 1-14 直埋光电缆与其他建筑物的最小间距

序号	建筑设施类型		最小间距(m)				备注
			平行时		交越时		
			无保护	外加保护	无保护	外加保护	
1	市话管道边线		0.5	0.25	0.25	0.15	
2	直埋电力电缆	<35 kV	0.5	0.5	0.5	0.25	
		≥35 kV	2.0	1.0	0.5	0.25	
3	给水管	一般地段	1.0	0.5	0.5	0.15	
		特殊困难地段	0.5	0.5	0.5	0.15	
4	煤气管	管压小于 300 kPa	1.0	0.5	0.5	0.15	
		管压 300~800 kPa	2.0	1.0	0.5	0.15	
5	热力管、排水管		1.0	0.5	0.5	0.25	应采取隔热措施

续上表

序号	建筑设施类型		最小间距(m)				备注
			平行时		交越时		
			无保护	外加保护	无保护	外加保护	
6	高压油管、天然气管		10.0	10.0	0.5	0.5	应考虑防腐措施
7	污水沟		1.5	1.5	0.5	0.5	
8	房屋建筑红线(或基础)		1.0	1.0			
9	水井、坟墓边缘		3.0	3.0			
10	积肥池、厕所、粪坑		3.0	3.0			
11	大树树干边	市内	0.75	0.75			
		市外	2.0	2.0			

1.4.4 光电缆沟开挖

1. 基本要求

(1)直埋光电缆沟深应符合设计及验收标准的规定。光电缆的埋深允许偏差50 mm,沟底宽度应根据同沟敷设缆线条数确定,多缆缆线在沟底应平行排列,不交叉。

(2)特殊地段光电缆埋深及防护应符合验收标准要求。

(3)光电缆沟的弯曲半径,不得小于光电缆外径的15倍。

(4)光电缆接头坑的深度应比接头两侧沟深深0.1 m,接头坑应设在远离铁路的一侧。电缆接头坑为3 m×2 m,光缆接头坑为2 m×2 m,兼做预留点的适当扩大。

2. 光电缆沟开挖

(1)光电缆沟开挖应严格执行沟深标准,划线开挖。

(2)沟坑开挖前应对所选径路进行径路探测,以便对地下隐蔽设施避让和保护,如图1-17所示。

(3)地势狭窄区域应采用人工开挖,地势开阔区域可借助机械开挖。

图 1-17 画线开挖

(4)沟坑开挖应做好防护,雨季在路肩及人流密集区域作业,禁止沟坑敞开过夜,特殊情况下应增设防护,保证临近铁路和建筑物安全。

(5)人工开挖时,两人间隔不小于 3 m,如图 1-18 所示。

图 1-18 人工开挖

(6)机械开挖应设专人防护和瞭望,以便及时发现开挖中可能出现的异常现象(可疑障碍物、危险物、暗坑等),以便及时排查处置,如图 1-19 所示。

(7)沟坑开挖过程中应及时检查沟坑深度,确保一次开挖合格,如图 1-20 所示。

图 1-19　机械开挖　　　　图 1-20　沟深测量

(8)沿既有铁路坡脚开挖时,沟坑距坡脚应保持 1 m 以上的安全距离,如图 1-21 所示。

(9)挖出的土应根据地形选择单侧或两侧堆放,出土堆放在距沟边 200 mm 以外,高度不宜太高,在路肩上堆放时,应铺垫彩条布,以防污染道床,挖出的土堆放高度不得高过道床,以防影响行车。

(10)光电缆沟上下高护坡时,采用 S 形走向开挖(图 1-22),且不易太深,以减小缆线在垂直方向的拉伸力和对护坡稳定性的影响。要求当天开挖当天回填并夯实,护坡高于 50 m 的,每隔 5 m 设一处护墩,确保护坡安全。

图 1-21　坡脚开挖　　　　图 1-22　S 形开挖

(11)平坦区段画线开挖,方便径路识别,减少放缆损耗。

(12)光电缆沟与临近建筑物的安全距离不应小于 1 m,特别是既有房屋、围墙、接触网杆、铁路栅栏等,一旦侵入安全红线开挖作业,极易诱发安全事故,如图 1-23 所示。

图 1-23　护栏外、栅栏边、围墙边光电缆沟

(13)当沟坑周围堆放有大量钢轨、枕木可能危及施工安全的,应提前避让,避免垮塌,如图 1-24 所示。

图 1-24　枕木边、钢轨边光电缆沟

(14)临近铁路轨道开挖,应设彩条布隔离,避免道床污染,如图 1-25 所示。

(15)既有站区地下缆线、管线设备多,分布广,开挖前应做好现场调查和径路探测,并加强现场安全监控,确保既有铁路运行安全，如图1-26所示。

图1-25 临近铁路光电缆沟　　　　图1-26 站区开挖

(16)混凝土地面开挖时，应使用地面切割机切割表层，宽度满足缆线敷设要求，进入土层采用人工开挖，以减少挖沟带来的路面损坏，恢复时基层应夯实，保证地面稳定不塌陷，如图1-27所示。

图1-27 地面切割

(17)混凝土地面恢复前，应先将沟槽填实到原来高度，再用强度不低于C20的混凝土进行地面恢复。

1.4.5 挖过道

既有线上开挖铁路过道，应征得站段工务部门许可，签订施工安全配合协议，并做好施工配合，确保施工安全。

人工开挖过道，应铺设彩条布，避免开挖污染道床；过轨钢管埋深应符合规范要求,且摆放顺直,接头连接牢靠;原土回填时应分层夯实,道砟恢复应按规定捣实,确保道床安全,施工中应虚心接受站段配合人员对施工的要求,如图1-28、图1-29所示。

图1-28 开挖铁路过道

图1-29 过轨管放置

1.4.6 预埋钢管

(1)缆线穿越轨道、公路、涵下等需要防护的地点时,应按设计要求开挖和防护,特殊地点除了进行常规防护外,还应采取混凝土满填或增设混凝土护墩等措施防护,如图1-30所示。

(2)引入人手孔的缆线,设置的防护管其位置、规格型号、数量等应符合设计要求,如图1-31所示。

图1-30 钢管防护

图1-31 波纹管防护

1.4.7 桥上电缆槽安装

(1)电缆槽在桥上安装时,其位置应符合设计要求,安装高度不得低于枕木更换作业高度,实施前应得到桥梁工区确认。

(2)桥上电缆槽一般采用支撑架固定,通过避车台时设转角弯头,沿避车台外沿安装,如图1-32、图1-33所示。

图1-32 托架支撑固定

图1-33 绕避车台安装

(3)电缆槽下桥或沿石护坡架设时,两端应入地并做水泥护墩保护,如图1-34所示。

图1-34 护墩

1.4.8 槽道建筑

新建铁路不论是区间还是车站一般都有预设槽道,连接主槽的短段槽道应符合设计要求,如图1-35所示。

图1-35 电缆槽道

1.4.9 清沟、验沟

(1)光电缆敷设前,应做好清沟和自检,合格后请监理工程师现场确认,然后进行放缆和回填作业。

(2)对松土、乱石易塌方区段,缆线入沟前应先清沟再放缆,确保缆线埋深。

(3)沟坑回填应遵循先细土再原土回填顺序,细土厚度大于30 cm。

(4)径路开挖、缆线敷设、沟坑回填全过程得到监理工程师确认后,及时签认隐蔽工程记录和工程检查证。

1.4.10 光电缆敷设

1. 基本要求

(1)光电缆埋深及防护应符合设计及验收标准的规定。

(2)光电缆弯曲半径≥缆线直径的15倍。

(3)过轨钢管应伸出轨枕两端各0.3 m以上,一股道过轨防护钢管长不少于4 m;穿越公路的保护管应伸出路面两端各0.3 m以外。

(4)光电缆分"A、B"端,其"A、B"端朝向应符合设计规定。设计未明确的,以距中心站最近的一端为"A"方向,敷设前应征得设计和业主同意。

2. 光电缆敷设

(1)光电缆展放应采用直立支盘方式,缆线沿缆盘上方引出,以便缆线展放时在盘下实施制动。采用平托支盘展放缆线时,仅限于短段使用,避免展放出现浪涌损伤缆线,如图1-36、图1-37所示。

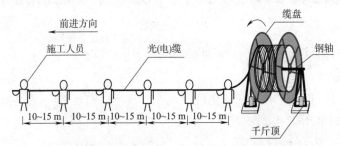

图1-36 直立支盘

图1-37 平托支盘

(2)人工敷设光电缆应安排足够的人力,避免缆线落地擦伤外护套;采用机械牵引展放缆线时,其运行速度应≤10 km/h,如图1-38所示。

图 1-38 放缆

(3)人工放缆人力不足时,通过盘 8 字分段敷设,如图 1-39 所示。

(4)同沟敷设多条光电缆时,应平行排列,同落沟底,避免交叉缠绕,如图 1-40 所示。

图 1-39 盘 8 字放缆　　　　图 1-40 双缆平铺

(5)槽道内多缆敷设时,应摆放顺直,不交叉,如图 1-41 所示。

(6)人孔内放缆,缆线应理顺,做好缆线标识,如图 1-42 所示。

1.4.11 缆线预留

1. 预留标准

(1)电缆预留

图 1-41 缆线平铺

图 1-42 人孔内缆线摆放

1) 接头坑电缆预留 0.8~1.5 m。
2) 通信站、车站局前井预留 3~5 m。
3) 穿越 30 m 以上河流时,两岸各预留 3~5 m。
4) 200 m 及以上大桥及 250~500 m 隧道的两端,各预留 1~3 m。
5) 通过带有伸缩缝的钢结构桥梁时,每个伸缩缝处预留 0.5 m。
6) 通过 500 m 以上隧道时,应在大避车洞内预留 1~5 m。
7) 缆线过轨、过路时,两侧各预留 1~2 m。
8) 跨越易塌方、滑坡及其他地质不稳定区段时,两侧做适当预留,设计预留有下穿涵洞、道路的地点,也应适当预留。

(2)光缆预留

1)接头两侧各预留 2~3 m。

2)人孔内预留 0.5 m;转角人孔预留 1~2 m。

3)其他地点预留参照电缆预留进行预留。

2. 常见预留

(1)缆线预留一般设在接头、分歧、转弯、过轨、过路、过桥、过涵、过隧道、进人手孔、缆线终端,以及其他特殊预留点,各点预留长度应符合设计及规范要求。

(2)缆线入沟后应及时整理预留,以便沟坑及时回填,如图 1-43 所示。

图 1-43 预留

(3)缆线当天不能展放入沟回填的,可先盘成 8 字浅埋保护,如图 1-44 所示。

(4)选择建筑物临时吊挂保护的,应确认其是否牢靠、安全,避免建筑物缺陷引起次生灾害损伤缆线,如图 1-45 所示。

1.4.12 光缆接续

1. 光缆接续要求

(1)光缆接续应严格按照设计及光缆出厂时给定的光纤色谱进行排序熔接。

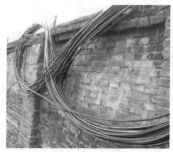

图 1-44　盘 8 字浅埋保护　　　图 1-45　墙体临时吊挂

（2）光缆每侧开剥长度应≥1.2 m；盒内每侧光纤盘留长度应≥0.8 m；光纤在盒内的收容半径应≥40 mm。

（3）光纤熔接前应先预盘，再熔接，保证收容不出现小预留圈。

（4）光纤端面应制备平整，熔接机接续模式应正确，光纤熔接环境应符合熔接机工作要求。

（5）光纤熔接过程中，采用 OTDR 动态监测法监测，确保一次熔接合格，收容加强管应热缩均匀，无杂质、无气泡产生。

（6）光缆的加强芯应紧紧地固定在接头盒的骨架上，并将光缆同侧的金属外护套和加强芯在盒内做电气连通，接头两侧的加强芯不连通。

（7）光纤收容后应在每根光纤上粘贴标签，接续卡上应标明每根光纤收容后的接续损耗。

（8）光缆接头盒应有很好的气密性，并具有较强的抗压、耐腐蚀性能，紧固接头盒上的螺栓时，应均匀加力，避免损伤接头盒，影响接头盒的气密性。

（9）接头两侧的光缆弯曲半径不小于光缆护套外径的 20 倍。

（10）电化区段光缆进入通信站或车站机械室时，应在局前井或引入室做绝缘节，使光缆的金属外护层和加强芯在室外断开，保证室内设备安全。

（11）光缆在室内终端在光纤配线架或光缆终端盒上，光缆及尾纤应标识清晰、信息准确。

(12)光缆接头以中继段为单位,自上行站至下行站方向顺序编号,编号书写规则应符合运营维护规范要求。

(13)在人孔中,光缆接头应平放在托架上,并绑扎固定。直埋光缆接头应平放在沟底。

(14)中继段每个接头平均损耗指标要求如下:

1)单模光纤在1 310 nm和1 550 nm窗口应≤0.08 dB/处;多模光纤在1 310 nm窗口应≤0.2 dB/处。允许个别接续点的接续损耗平均值大于指标,同一中继段同一光纤每个接续点的平均接续损耗应满足上述要求。

2)为保证接头质量,光纤接续中采用OTDR在线监测,允许单根光纤重接三次,最终不合格的由厂家配合排查处理,最终测试数据填在"光纤接续卡"上(表1-15),一份存档,一份放接头盒。

表1-15 光纤接续卡

接头编号:_____ 测试人:_____ 接续人:_____ 日期:_____

光纤号	测试值		备注
	1 310 nm	1 550 nm	
1			
2			

2. 光缆接续工艺

(1)光缆接续时应搭设接头帐篷或遮阳伞,保证接续工作在无尘环境下进行,同时保证仪器仪表工作安全,如图1-46所示。

(2)光纤接续应在工作台上进行,以便光纤熔接、收容和测试工作,工作台应保持干净卫生,如图1-47所示。

(3)接头卡片填好后粘贴在收容盘的护盖上,如图1-48所示。

(4)接头盒盖盖前,用酒精清洁上下盒体接缝处,并检查密封圈是否完好。盖盖后应对角紧固螺栓,不得一次将螺栓拧紧,避免盒体对角受力不均匀造成盒体破裂、密封条挤出,影响盒体密封效果。

图 1-46　帐篷防尘　　　　图 1-47　工作台上接续

图 1-48　放置接头卡片

（5）接头坑底面平整后,把接头槽放在坑中,然后把接头两端余留绕着接头槽盘留,接头盒置于接头槽中央,盖上接头槽盖板,即可回填接头坑,回填土坚持先细土后原土,如图 1-49 所示。

图 1-49　接头槽防护

1.4.13 电缆接续

1. 基本要求

(1)电缆接续应注意保持接续环境,做到干净整洁,注意防潮。

(2)电缆接续坚持接续前检查和接续后测试,以保证电缆接续一次合格。

(3)长途铠装电缆接头采用接头盒封装,以保证接头的密封性;市话充油电缆常用热可缩套管封装。

(4)电缆接头设置应避开人流密集、低洼易积水、腐蚀性大的区域。

2. 长途电缆接续工艺

(1)电缆开剥

1)用棉纱擦去两侧电缆外护套上的泥土,并将其理直。

2)在接头坑中间将两条电缆交叉处做上记号,然后根据接头盒长度和预留要求计算外护套开剥位置。

3)从标记点往端头方向移 0.5 m 以上就能保证接头预留 0.8 m 以上的要求。

4)电缆外皮用电工刀环切即可去除;铠装钢带保留 20 mm,锯前用直径 1.6 mm 钢丝扎紧钢带,再分层切除,每层钢带锯深为其厚度的 2/3,如图 1-50 所示。

图 1-50 电缆开剥

5)铝护套保留 20 mm,用钢锯切割时,锯深为其厚度的 2/3。

6)电缆芯线开剥长度略比接头盒长即可,一般不超过 600 mm。

7)保留的钢带和铝护套应用汽油擦洗干净,然后打磨干净,滴上松香水,用小喷枪或火烙铁将过桥地线焊上,过桥地线为 7×

0.9 mm 的铜线,同侧的钢带和铝护套用焊锡焊牢,然后将两侧的过桥地线连通。如图 1-51 所示。

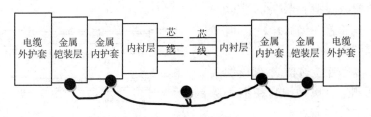

图 1-51 过桥地线连接

(2)芯线接续

1)接续准备:现将两侧的电缆固定在接头盒下盒体的固定架上,底下放上防尘布,为芯线接续做好准备。

2)电缆芯线分组:按组序套上分组环,并把电缆分组扎线按照接续预设位置扎紧,多余扎线剪掉。

3)芯线接续:两侧电缆相同组序的芯线对应接续,芯线接续应按左压右扭绞 3~5 个花,长度约 35 mm,其中裸铜部分 25 mm,加焊 10 mm,如图 1-52 所示。

4)裸铜加焊部分应涂上松香水,用烟斗烙铁加焊,然后趁热用白布带将加焊部分残留污物擦掉。

5)芯线接续要做到红白和蓝绿间隔接续,以保证四线组原有扭绞和排序。

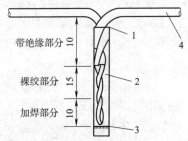

图 1-52 芯线接续
1—聚乙烯密封;2—聚乙烯管;
3—热压密封;4—两侧芯线

6)将带有热熔胶的热缩管套入焊好的芯线上,热缩帽顶端与芯线留足 5 mm 左右,用丁烷气体喷枪的蓝火沿热缩管四周烘烤,使热熔胶均匀受热后收缩,密贴在芯线绝缘层上。加热过程要快,位置把控准确,保证不伤芯线绝缘。

7)芯线接完后按红白倒上行、蓝绿倒下行原则将芯线依次摆放整齐,用白线绳或扎带绑扎,绑扎位置在热缩管的中间位置,如图1-53所示。

8)连接过桥线,使电缆接头两侧的金属外护套和金属铠装层电气连通。

(3)施工测试

1)接续前,应先检查两侧电缆直流特性是否合格。

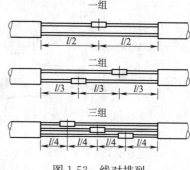

图1-53 线对排列

2)所有芯线接续完毕,接头盒封装前,由测试点和终端配合对接续后电缆进行测试,确认接续前后电缆的电气指标是否劣化。

3)电缆测试其直流项目有:线芯对号、绝缘、耐压、环阻及环阻不平衡等;交流测试项目有:近端串音、远端防卫度和工作衰减等。

4)测试合格后,由测试点通知接续点进行接头盒封装。

5)测试点和终端再次测试相关指标,看有无变化,确认无误后,接续工作完成。复测中若发现部分指标劣化出现不合格现象时,应及时查找原因,并进行处理,直至全部合格为止。

(4)接头盒封装

1)确认接头接续合格,接续点将接续卡放在接头盒底部,上下盒体密封圈检查无误后,盖上上盖,穿上螺栓,紧固螺栓时应沿对角多次循环紧固,直至全部旋紧,确认其密封良好。

2)用打气筒向接头盒充气,然后通过水淹法或肥皂水法检查盒体及上下盒体接缝处有无漏气现象,确认无误后,将接头盒落入接头坑进行掩埋保护。

(5)接头盒防护

直埋电缆接头盒在防护槽内应摆放平稳,两端余留压平后,盖上槽盖板,然后回填、埋标桩。标桩应设在接头槽的正上方,有接头编号的一面朝向铁路。

(6)场地清理

施工完毕,收好并带回施工工具和接头废料,接头废料回收后应分类处理。

(7)长途电缆接续测试参照长途电缆电气指标(表1-16)

表1-16　长途电缆电气指标

序号	项目	测量频率	单位	标准	备注
1	直流环阻(20 ℃)				
1-1	线径0.9 mm	直流	Ω/km	≤57	实测值
1-2	线径0.7 mm	直流	Ω/km	≤96	
1-3	线径0.6 mm	直流	Ω/km	≤132	
2	环阻不平衡	直流	Ω	≤2	
3	绝缘电阻				实测值×$(L+L')$
3-1	线径0.9 mm	直流	MΩ·km	≥10 000	
3-2	线径0.7 mm	直流	MΩ·km	≥5 000	
3-3	线径0.6 mm	直流	MΩ·km	≥5 000	
4	电气绝缘强度				测试2 min
4-1	芯线与金属外护套间(对地)	直流	V	≥1 800	
4-2	芯线间电气绝缘强度	直流	V	≥1 000	
5	近端串音衰减	800 Hz	dB	≥74	
6	远端串音防卫度	800 Hz	dB	≥61	
7	线路噪声				用噪声计高阻挡测量,输入端并接阻抗值等于电缆输入阻抗Z,其实测值应乘以$\sqrt{600Z}$
7-1	电牵区段噪声计电压	调度回线 800 Hz	mV	≤1.25	
7-2	一般区段	一般回线 800 Hz	mV	≤2.5	

注:1. L为音频段电缆实际长度。

2. L'为电缆线路各种附属设备的等效绝缘电阻的总长度。$L'=L_{头}+L_{盒}+L_{分歧}+L_{区间}$,$L_{头}$为每个接头按绝缘电阻为$10^5$ MΩ进行折算,等效电缆长度100 m;$L_{盒}$为电缆分线盒等效电缆2 km;$L_{分歧}$为按实际分歧电缆长度计算;$L_{区间}$为每个区间通话柱端子板等效电缆10 km。

1.4.14 区间设备安装

1. 区间通话柱

（1）通话柱作为区间的重要临时通信设备，运营中担负着紧急救援的各类信息回传任务，如图 1-54 所示。

图 1-54　区间通话柱

（2）普速铁路区间通话柱 2 km 一处，高速铁路不再使用。

2. 光缆外皮监测前站设备

（1）基本原理

1）光缆外皮自动监测系统是通过分布在光缆线路上的外皮绝缘监测前站设备将监测信息上报到监测站和监测中心，经数据分析，借助管线探测仪和 GPS 地图准确定位故障位置，及时排除光缆故障。

2）室外前站设备接受室内前站设备测试指令，将测量光缆的金属护套对地绝缘电阻并上报室内前站设备，前站室外设备如图 1-55 所示。

（2）评价指标

按照《光缆线路对地绝缘指标及测试方法》（YD 5012—2003）中对单盘

图 1-55　前站室外设备

直埋光缆的金属外护套对地绝缘指标（不低于 10 MΩ·km）和光缆的金属外护套对地绝缘电阻维护指标不低于 2 MΩ·km 的要求，

进行评价和监控,见表1-17。

表1-17 金属外护套对地绝缘电阻维护指标

序号	测试项目	维护指标	维护周期
1	金属外护套对地绝缘电阻	≥2 MΩ/单盘	半年(按需缩短周期)
2	直埋接头盒监测电极间绝缘电阻	≥5 MΩ	

(3)系统构成

光缆外皮自动监测系统由监测主机、前站室内设备、前站设备箱和通信光缆构成。系统构成如图1-56所示,室外前站设备箱如图1-57所示。

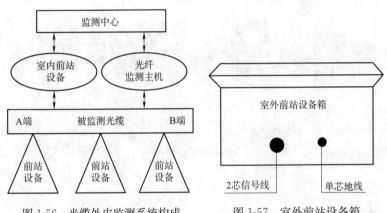

图1-56 光缆外皮监测系统构成　　图1-57 室外前站设备箱

(4)前站设备箱说明

前站设备箱引出两条线,一条是2芯线(1号红色线、2号绿色线),另一条为地线(3号黄绿色线)。红色线为电源输入,绿色线为电源输出,黄绿色线为地线接接头处地线。引出线小于2 m。

室外前站箱安装在接头坑里,与接头盒内的光缆铠装层相连,利用专用防护槽保护,其中辅助地线电阻R_1≤400 Ω,不在接头坑内敷设,防止损伤预留缆线。在安装该设备后请使用不高于250 V的绝缘兆欧表测量光缆对地绝缘,注意高电位接光缆端,低电位接地。

(5)室外前站设备箱接线工艺方法(图1-58～图1-60)

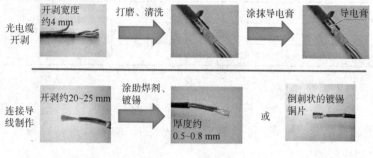

图 1-58　电缆开剥

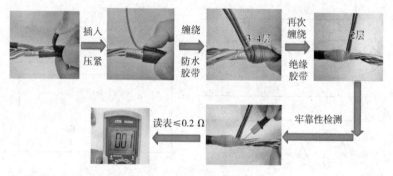

图 1-59　接地卡安装

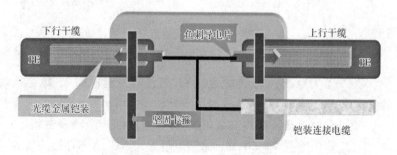

图 1-60　前站设备接线

(6)施工注意事项

1)光缆外护套和金属护套较薄,开剥时应注意不要用力过大,以免破坏金属护套,如图 1-61 所示。

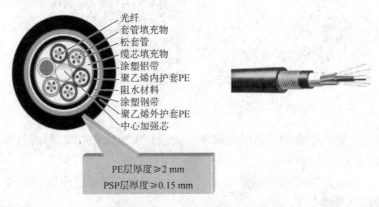

图 1-61 光缆护套开剥

2)光缆引入盒体后,应使用光缆支撑紧固件固定,保证光缆稳定,如图 1-62 所示。

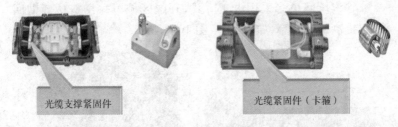

图 1-62 接头盒部件

(7)光缆外皮监测前站室外设备成品及其安装、掩埋(图 1-63、图 1-64)

1.4.15 沟坑回填、路面恢复

1. 回填基本要求

(1)确认径路上所有障碍点均已得到有效防护。

图 1-63　前站设备安装　　　　图 1-64　前站设备掩埋

(2)光电缆沟回填应先填 0.2 m 厚细土覆盖光电缆,然后将所有原土回填在沟上。

(3)距轨道较近的路肩以及易出现塌方、滑坡区段的光电缆沟,应回填夯实。

(4)注意不得将大石头砸压在光电缆上。易腐、侵蚀性杂物不得回填到沟内。

2. 沟坑回填施工

(1)沟坑回填多采用人工方式,开阔区域可采用机械辅助回填,以提高施工效率,如图 1-65、图 1-66 所示。

图 1-65　机械回填　　　　图 1-66　人工回填

(2)回填沟应将原土全部回笼,使其顶面丰满,如图1-67所示。

图1-67 回填成品

(3)对所有障碍点进行有效防护,如图1-68所示。

图1-68 障碍防护

(4)混凝土和地砖面层恢复前应将沟内分层夯实,避免因回填不实,造成沟顶路面沉降,如图1-69所示。

(5)对土质较为松散、容易垮塌地段也应分层夯实,必要时用混凝土封面加固,如图 1-70 所示。

图 1-69　沟面下沉　　　　图 1-70　沟面恢复

1.4.16　径路标识埋设

1. 标识埋设要求

（1）标桩设置地点:光电缆接头、预留点、分歧点、接地点、转弯处、穿越障碍处、不易识别径路处;穿越铁路、公路、河流的两侧;长度大于 500 m 直线段的中间(当设计有特殊要求时按设计要求的长度进行设置)。

（2）标桩埋设在光电缆径路的正上方,接头标埋在接头槽的正上方。

（3）可用永久性目标物代替标桩的应使用油漆书写标志,但不得影响原目标物的整体美观性。

（4）标桩露出地面 400 mm 左右,以保证标识信息书写需要。

2. 标识埋设

（1）标桩埋设应采取流水作业,径路开挖后即可预配标桩埋设位置,然后将在库内刷白晾干的标桩运至预埋点,再挖坑埋设。标桩露出地面 40 cm,并对外露部分进行二次刷白,待验收前涂刷接头编号和警示语,如图 1-71 所示。

(2)对无法埋设标桩的区域可刷标识块,显示径路信息,如图1-72所示。

图1-71 标桩

图1-72 跨水沟径路标识

(3)设有标桩卡盘的标桩,应勾缝和刷白。

3. 特殊径路标识

(1)对不宜埋设标桩的区域可刷标识块标识,如图1-73所示。

(2)不宜埋设标桩的,可借用稳定的参照物标记,如图1-74所示。

图1-73 标识块

图1-74 代用标石

4. 警示牌安装

光电缆通过公路、铁路道口和一些易取土或遭受破坏的区域，应在径路上方设置警示牌，警示牌的大小和书写信息应符合设计及运营维护单位要求，如图1-75所示。

图1-75 电缆沟径路警示牌

1.4.17 机械防护

1. 技术要求

（1）光电缆过轨、过路、过涵、穿越障碍、接头、分歧、过桥、缆线爬墙引上等应设钢管或高强度塑料管防护。

（2）防护管的规格型号、防护位置应符合设计要求，防护管端口应封堵。

（3）接头一般采用水泥槽或复合槽防护。

（4）站区光电缆采用砂砖或盖板防护，光电缆上应填一层细土厚度≥10 cm。

（5）易冲刷区段应严格按照设计要求设置护坎或护坡、漫水坡等进行防护。

（6）涵下管应根据水流大小设置护墩或混凝土固化包封。

（7）桥上设钢槽、复合槽或钢管防护，其规格型号应符合设计要求。

2. 机械强度防护

(1)通信缆线过轨、过路、过涵时,应根据设计要求设置防护,并做相应加固,如图 1-76 所示。

图 1-76 障碍防护

(2)径路通过小型桥梁一般采用明管防护,钢管接头采用焊接或套丝方式,钢管在护栏上固定时,每 3 m 设一个固定抱箍。钢管落地放置时,应用混凝土包封,厚度不小于 10 cm。桥头钢管入地处增设护墩保护,如图 1-77、图 1-78 所示。

图 1-77 桥头护墩　　　　　图 1-78 桥上防护

(3)钢管沿高护坡引上时,两端应做弯头并设护墩加固,钢管在混凝土陡壁上应设抱箍固定,抱箍每 3 m 一处,最少设 2 处,如图 1-79、图 1-80 所示。

图 1-79　垂直引上　　　　图 1-80　根部加固

(4)沿桥墩引下的钢管、钢槽应牢牢地固定在桥墩上,施工时应得到业主认可,并做好安全防护,如图 1-81、图 1-82 所示。

图 1-81　钢槽安装　　　　图 1-82　钢槽固定

(5)沿护坡引上或沿窄路肩、石质护坡坡脚敷设的缆线,应设钢管或水泥槽加混凝土包封防护,如图 1-83 所示。

图 1-83　光电缆上下护坡、路肩下、坡脚包封防护

(6)过轨采用钢管防护,沟深不够时,用水泥槽或复合槽防护,其规格型号应符合设计文件要求,如图 1-84、图 1-85 所示。

图 1-84　过轨防护　　　　图 1-85　浅沟防护

(7)过桥设的桥槽或钢管,两端入地处应设护墩加固。

(8)桥槽或钢管沿高护坡或挡墙架设时,应征得工务部门同意,桥槽与墙壁间应留滴水缝,钢槽落地处应设护墩保护。

1.5 通信线路施工测试

1.5.1 光缆线路指标

(1)一个中继段内,1 310 nm 和 1 550 nm 窗口每根单模光纤双向接续损耗平均值 α 应不大于 0.06 dB。

(2)用 OTDR 检测光缆中继段光纤线路衰耗,其实测值应小于光缆中继段光纤线路衰耗计算值 α_1,α_1 应按下式计算。

$$\alpha_1 \leqslant \alpha_0 L + \bar{\alpha} n + \bar{\alpha}_c m (dB)$$

式中 α_0——光纤衰减标称值(dB/km);

$\bar{\alpha}$——光纤接头双向平均损耗(dB),单模光纤 $\bar{\alpha} \leqslant 0.06$ dB(1 310 nm 和 1 550 nm);多模光纤 $\bar{\alpha} \leqslant 0.2$ dB;

$\bar{\alpha}_c$——光纤活动连接器平均损耗(dB),单模光纤 $\bar{\alpha}_c \leqslant 0.7$ dB;多模光纤 $\bar{\alpha}_c \leqslant 1.0$ dB;

L——光缆中继段长度(km);

n——光缆中继段内光缆接头数;

m——光缆中继段内活动连接器数。

(3)光缆中继段最大离散反射系数和 S 点最小回波损耗(包括连接器)应符合下列要求。

1)光缆中继段 S、R 点间的最大离散反射系数:

STM-1 1 550 nm 波长 $\leqslant -25$ dB。

STM-4 1 310 nm 波长 $\leqslant -25$ dB;

1 550 nm 波长 $\leqslant -27$ dB。

STM-16 1 310 nm 波长 $\leqslant -27$ dB;

1 550 nm 波长 $\leqslant -27$ dB。

STM-64 1 310 nm 波长 $\leqslant -14$ dB;

1 550 nm 波长 $\leqslant -27$ dB。

2)光缆中继段在 S 点的最小回波损耗:

STM-1 1 550 nm 波长 $\geqslant 20$ dB。

STM-4　1 310 nm 波长≥20 dB;1 550 nm 波长≥24 dB。
STM-16　1 310 nm 波长≥24 dB;1 550 nm 波长≥24 dB。
STM-64　1 310 nm 波长≥14 dB;1 550 nm 波长≥24 dB。
3)中继段偏振模色散(PMD)符合设计要求。

1.5.2 光缆中继段测试记录

光缆线路衰耗测试记录见表 1-18,光缆中继段光纤接续损耗测试记录见表 1-19。

表 1-18　光缆线路衰耗测试记录

测试区段____(A)至____(B)　　光缆规格____芯　　缆长____m
测试地点_____　　测试仪表_____
施工单位_____　　测试地点_____　　日期_____

光纤号 \ 测试项目	全程衰耗(dB)				每公里衰耗(dB/km)	
	介入损耗法(dB)				介入损耗法(dB)	
	1 310 nm		1 550 nm		1 310 nm	1 550 nm
	A→B	B→A	A→B	B→A		
1						
2						
3						
4						
5						
6						

表 1-19　光缆中继段光纤接续损耗测试记录

测试段____(A)至____(B)　　光缆型号____　　中继段长度____km
测试仪表____　　测试波长____　　测试人____　　测试日期____

光纤号 \ 测试值(dB) \ 接头号	G3-1	G3-2	G3-3
1　A→B			
B→A　平均			

续上表

接头号 测试值 (dB) 光纤号		G3-1	G3-2	G3-3
2	A→B	平均			
	B→A				
	A→B	平均			
	B→A				
4	A→B	平均			
	B→A				

1.5.3 电缆施工测试

(1) 主要测试项目。

1) 低频对称电缆施工测试项目：对号、环阻、环阻不平衡、绝缘电阻、电气绝缘强度、工作衰耗、交流对地不平衡、低频电缆近端串音、远端防卫度等。

2) 对绞市话电缆施工测试项目：对号、环阻、环阻不平衡、绝缘电阻、电气绝缘强度等。

(2) 测试方法。

1) 对号、环阻、环阻不平衡、绝缘电阻、电气绝缘强度的测试方法与单盘测试一样。

2) 低频电缆近端串音测试方法如图 1-86 所示。

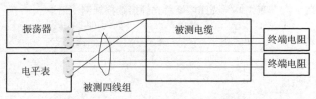

图 1-86 低频电缆近端串音测试

3) 低频电缆远端串音防卫度测试方法如图 1-87 所示。

4) 低频电缆工作衰减测试方法如图 1-88 所示。

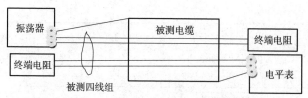

图 1-87　低频电缆远端串音防卫度测试方法

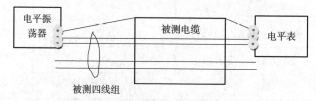

图 1-88　低频电缆工作衰减测试方法

5）交汊对地不平衡测试方法如图 1-89 所示。

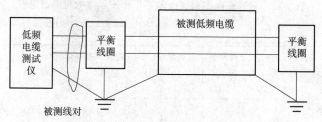

图 1-89　交流对地不平衡测试方法

(3) 低频四线组电缆音频段电气性能要求参照表 1-16。

(4) 铜芯聚烯烃绝缘铝塑综合护套室内通信电缆用户线路电性能应符合表 1-20 要求。

表 1-20　铜芯聚烯烃绝缘铝塑综合护套通信电缆电性能

序号	内　容	标　准				换　算
1	导线电阻(20 ℃)					实测值/L
1-1	导线直径(mm)	0.4	0.5	0.6	0.8	
1-2	单线电阻(Ω/km)	≤148	≤95	≤65.8	≤36.6	
1-3	环阻不平衡(Ω)	≤2				

续上表

序号	内 容	标 准	换 算
2	绝缘电阻(MΩ·km) (手摇绝缘表转速 120 r/min)		实测值×L
2-1	填充型(聚乙烯绝缘)	≥1 800	
2-2	非填充型(聚乙烯绝缘)	≥6 000	
2-3	非填充型(聚氯乙烯绝缘)	≥120	
3	近端串音(800 Hz,dB)	≥69.5	
4	断线、混线	不断线、不混线	

注:L 为电缆实际长度。

(5)填写电缆中继段测试记录,见表 1-21。

表 1-21 ××站电缆回线电阻不平衡及绝缘电阻测试记录

区段_____ 测试仪器_____ 测试点_____ 测试人_____
电缆型号_____ 测试长度_____ m 日 期_____

组别	回线 电阻值 (Ω)	电阻 不平衡 (Ω)	线间绝 缘电阻 (MΩ)	对地绝 缘电阻 (MΩ)	组别	回线 电阻值 (Ω)	电阻 不平衡 (Ω)	线间绝 缘电阻 (MΩ)	对地绝 缘电阻 (MΩ)
1-1					2-1				
1-2					2-2				

1.6 线路施工典型案例

1.6.1 径路开挖

(1)径路开挖若不画线,随意开挖,极易造成径路频繁转弯,这将给标桩埋设、竣工图绘制、施工和运营维护径路识别带来极大不便,如图 1-90 所示。

(2)沟深太浅,光电缆保护困难,特别是高寒地区沟深过浅,还会影响缆线的电气指标和使用寿命,如图 1-91 所示。

图 1-90　径路弯曲

图 1-91　缆线埋深太浅

(3)缆线沟在距铁路坡脚不足 1 m 处开挖,很容易影响铁路路基安全,特别是雨季在高护坡的坡脚开挖光电缆沟,极易诱发路基滑坡,如图 1-92 所示。

(4)缆线沟距护栏不足 1 m,容易造成护栏下沉和倒斜,如图 1-93 所示。

图 1-92　坡脚开挖

图 1-93　护栏倒斜

1.6.2 径路回填与夯实

(1)缆线沟回填若缺乏监督检查,石块直压缆线,极易造成缆线受损,从而影响缆线电气特性,如图1-94所示。

(2)缆线沟回填不饱满,经历自然沉降后,易出现下沉现象,如图1-95所示。

图1-94 石块挤压缆线　　　图1-95 缆线沟沉降

(3)易冲刷地段的沟槽、管道及人手孔四周回填后应夯实,避免雨水冲刷出现塌方和沉降,如图1-96所示。

图1-96 沟坑沉降

1.6.3 过障碍防护

(1)缆线沟穿越障碍时,应根据障碍两侧沟深确定上下交越方式,避免防护管腾空影响沟深,交越处垂直间隔应≥200 mm。

(2)直埋光电缆沿铁路护坡上下时,原则上采用钢管加混凝土包封防护或设混凝土护墩防护,不得破坏既有铁路路基原有骨架护坡或框架锚杆、片石护坡,以免因恢复不到位,造成铁路路基塌方或滑坡等安全责任事故。如图 1-97 所示。

(3)缆线穿越钢管两端应有适当余量,平缓固定,避免缆线过紧在管口处受力,从而损伤缆线,如图 1-98 所示。

图 1-97 铁路护坡受损

图 1-98 缆线过紧

1.6.4 包封防护

(1)采用水泥砂浆包封水泥槽或防护钢管时,其砂浆厚度应≥100 mm。否则,会因强度差而开裂、脱落,如图 1-99 所示。

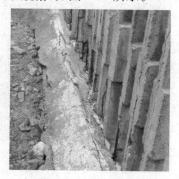
图 1-99 包封太薄

(2)缆线跨越水沟,水泥槽或钢管防护应设在水沟底以下,不得防碍水沟自然排水,如图 1-100 所示。

图 1-100 缆线穿越水沟

(3)缆线上跨水沟采用钢管或水泥槽防护,容易被踩踏,出现压弯,损伤缆线。

(4)缆线防护管上跨沟渠,应尽量垂直交越,且和盖板顶面平齐,避免保护层受损,如图 1-101 所示。

(5)缆线上下站台应在下站台后的安全地带过轨,避免缆线转弯过急损伤缆线,图 1-102 的缆线防护方式,既不美观,缆线也不好穿放。

图 1-101 缆线水沟顶跨越　　图 1-102 缆线下站台过轨

(6)施工材料应安全堆放,避免受损。

2 通信设备安装施工

2.1 执行标准

(1)《铁路通信工程施工技术指南》(TZ 205—2009)。
(2)《高速铁路通信工程施工技术规程》(Q/CR 9606—2015)。
(3)《铁路运输通信工程施工质量验收标准》(TB 10418—2003)。
(4)《高速铁路通信工程施工质量验收标准》(TB 10755—2010)。
(5)集团公司施工标准化作业系列丛书《通信工程施工作业操作手册》(2014版)。

2.2 通信设备安装施工内容

通信工程设备安装施工内容:机房设备及终端位置调查,设备定位测量,设备底座、支吊架加工、安装,桥架、上下走线槽安装,缆线布放,机架(设备)安装,子单元设备及板件安装,设备配线,缆线及设备标识,成品保护,设备加电调试,通信系统性能测试、功能试验等。

2.3 施工基本要求

施工前应认真阅读设计文件,认真聆听设计交底,正确理解设计意图,积极听取业主意见。做好施工组织设计,做好施工安全技术交底,做好工艺规范、质量标准宣贯,规范全员作业行为,强化全过程安全、质量监督与控制,做到通信施工工艺标准化,实现工程创优目标。

2.4 施工准备

2.4.1 熟悉图纸、统计工程量

1. 通信设计说明

设计说明是项目设计规划、执行标准、施工技术和施工安装要求的总体说明,透过它能够很好地理解设计意图和施工图各部分含义。

2. 通信系统图

通信系统图是通信系统组网图,透过它能够理解各子系统的关系和系统建立,为正确做好施工组织及施工具有很好的帮助作用。

3. 通信配线图

通信配线图诠释了通信系统详细的连接关系、接口类型,透过它能准确了解各类配线的用途和特性要求。通信设备配线选购中应严格按照设计文件对线缆的具体要求,正确选择,并在施工中严把配线质量关,确保各系统配线正确,质量符合设计要求。

4. 设备平面布置图

通信设备平面布置图是掌握通信机房布局的关键图纸,透过它能调查核实机房设备布局,掌握机房需要安装的设备名称、数量等,确认机房上下走线方式、位置,了解机房有无装修、电源配电箱、地线箱位置,以及相关专业设备安装位置是否有冲突等,以便准确提报设备底座加工规格和数量,为设备安装提报施工规划。

5. 工程量统计

通过阅读设计说明、施工图,结合设计交底、相关会议纪要等有效文件,准确核对工程量,并通过施工图量和合同量对比,掌握合同工程量的增减变化,以便准确提报物资需求计划,也为设计变更提前做好规划。

工程量统计应准确体现设计图中给定的设备、材料信息,主要包括:材料设备名称、规格型号、单位、数量、其他技术参数等。然

后,填写"工程数量表"(表 2-1)。

表 2-1 工程数量表

序号	材料设备名称	规格型号	单位	数量	备 注

2.4.2 现场调查

1. 机房建设情况

查看机房位置、大小、缆线引入位置、孔洞预留、机房装修、外电引入、设备布局、综合接地等是否与设计一致,以及相关房屋的孔洞预留,走线方式等。核实机房建筑施工节点是否满足通信设备安装节点工期要求。

2. 设计交底

聆听设计交底,正确理解设计意图,为准确提报工程量、合理编写施工组织设计和施工技术交底提供准确信息。

3. 核对工程量

综合设计图纸会审、设计交底和现场调查资料,再次核对工程数量,为准确提报物资申请计划、物资采购计划提供依据。

4. 编写施工组织方案

施工组织方案是指导施工的重要文件,应包含工期计划,人、材、机资源配置,各主要分部分项工程施工工艺、方法,执行标准,工程创优和各种保证措施等。施工组织方案经相关部门和主管领导审核后报监理单位审批,批准后的施工组织方案将作为指导施工的重要文件。

5. 施工技术交底

在熟悉施工图、设计说明基础上,结合现场调查、执行的规范、验收标准和企业工艺水平,编写有针对性的施工技术交底和安全技术交底资料,通过有效地宣贯,使其融入施工全过程,并通过有效的过程检查和质量监督,实现通信施工工艺标准化。

6. 提报物资需求计划

(1)依据合同清单、设计图量、设计交底资料、现场勘查资料、相关会议纪要和工艺规范要求进行精确统计和提报。

(2)物资需求计划不仅包括本工程所需的材料设备,还包括为完成本工程设备安装施工所需的工器具、机械设备、仪器仪表等。

(3)根据以上的信息统计,按照物资部门要求的格式,填报物资需求计划、工器具需求计划,表 2-2、表 2-3 为某工程样表。

表 2-2 物资需求计划表

项目名称:××通信工程　　　　　　　　　　　　　编号:TX—CL—01

序号	设备名称	规格及技术要求	单位	数量	备注
1	数调分系统设备	2M 中继板 1 块、用户板 2 块	套	1	
2	数调前台	2B+D 接口,带前端接线盒	台	1	
3	接入网设备	155 M(1+1 保护)	套	1	
4	开关电源	YWK48V/30A24V/2A6V/1.5A	台	1	
5	自动电话	按键式	部	1	
6	超五类网线	CAT5e	m	200	
…	…	…	…	…	…

表 2-3 工器具需求计划表

项目名称:××通信工程　　　　　　　　　　　　　编号:TX—GJ—01

序号	工器具名称及规格型号	技术条件	单位	数量
1	电锤	2 kW	把	1
2	小工具	组合式	套	1
3	万用表	4 位半数字万用表	块	1

续上表

序号	工器具名称及规格型号	技术条件	单位	数量
4	激光墨线仪	四线显示	台	1
…	…	…	…	…

7. 物资部门询价、采购、验收入库

按照公司物资采购办法及相关程序,由物资部门组织材料设备的询价、招标、签合同采购、材料设备到货验收入库等工作。

8. 设备开箱检验

设备到货后,提前 24 小时通知监理、业主和设备供应商到指定地点现场开箱检验。

开箱检验应核对采购合同、发货单,设备装箱单标定的设备名称、规格型号、数量、备品附件是否一致,设备说明书、产品合格证、出厂测试报告等是否齐全有效,设备外包装是否有破损,设备外观是否存在划痕、脱漆、框架松动等制造缺陷。

开箱确认无误后,应将设备包装恢复、安全入库,填写"设备开箱检查证"(表 2-4),并做好签认工作。

表 2-4 设备开箱检查证

编号:铁程检—43

设备名称		制造厂	
到货日期		检查日期	
规格型号		数量	
出厂编号		出厂日期	
安装地点		检查地点	
设备包装情况			
易碎件是否完整			
有无漏油(气、水)			
配件及各种附件是否齐全			
外观有无机械损伤或缺陷			

续上表

说明书、合格证等技术文件是否齐全	
检查意见	
施工负责人	材料保管员
业主代表	年　月　日
监理工程师	年　月　日
设备商工程师	年　月　日

9. 设备底座加工

（1）设备底座应根据设备底面结构、孔位布置和机房装修地板标高等条件进行加工。

（2）底座加工所用钢材应满足设备承重及安全性要求，所有焊缝、焊点应饱满密实、无毛刺，并按要求做好防锈保护处理。

（3）底座加工可根据机房整体布置和机房设备类型的一致性，采用单个或整体加工，以提高设备安装效率。

（4）底座应平整，固定孔位与设备预留孔位一致，实现底座与设备密贴。

10. 设备吊挂件、支托架加工

（1）吊挂件、支托架作为部分设备的固定架，其结构应符合设备安装、安全和美观要求。

（2）吊挂件、支托架加工前应逐个进行图纸核对和现场勘查，确保各吊挂件、支托架加工符合设计要求和现场安装条件要求。

（3）吊挂件、支托架加工所用的钢材其规格型号应满足设备安装及承载力要求，焊接质量合格，并做好防锈及保护处理。

2.5　设备安装、配线

2.5.1　设备安装

1. 设备安装条件

（1）设备安装要求：机房的主体结构、内装饰应具备设备安装条件,机房的施工临时用电及设备供电电源线已引至机房;机房门窗已就位,相关专业进出机房施工不会危及机房设备安全。

(2)设备已到货,开箱检验合格,报验手续齐全,施工用材料设备、工器具、仪器仪表已到位,施工人员安全技术培训经考核合格。

2. 设备运输

为保证设备运输安全,要求设备带上原包装进行运输和搬运。采用人工抬放设备时,应安排足够的人力和辅助机械设备,保证设备搬运、抬放安全。

3. 底座安装

(1)机房画线定位

机房画线定位是机房设备安装的基础。机房画线应以机房地面装修网格线和机房设备平面布置图为基准进行画线定位,以保证机房整体布局的一致性,如图2-1、图2-2所示。

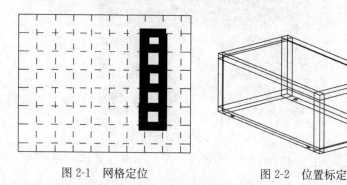

图2-1 网格定位　　　　图2-2 位置标定

画线定位可使用传统的墨斗、画笔,也可借助红外墨线仪等先进仪器进行画线,使其更精准。

(2)钻孔

1)整体画线定位后,即可把待装底座移到标定位置,确定打孔位置。

2)用电锤钻孔时,钻头应对准孔位十字线中心。

3)电锤应扶正,用力应适度,以保持电锤平衡。

4)钻孔的大小、深度应符合膨胀螺栓安装要求。

5)膨胀螺栓打入后,用扳手旋动螺栓使膨胀管涨开,保持稳定,以便底座安装。

(3)底座安装

1)底座安装时,螺帽下应加平垫片和弹簧垫片,以保证底座稳固,螺栓不松动。

2)当四个角的螺栓带上螺帽后,通过墨线仪或水平尺观测底座的水平度偏差,并根据四个角的偏差情况,通过加垫垫片使底座四角紧固后达到水平状态,如图 2-3 所示。

图 2-3 底座安装就位

4. 设备安装

(1)人工抬放通信设备应安排足够的人力,以保证设备搬运、安装安全。

(2)设备安装应有整体意识,做到行列整齐,垂直度满足验收标准要求,如图 2-4 所示。

(3)设备的对齐方式,应根据设计要求,做好前对齐或后对齐安装。

(4)同排机柜应靠拢、对齐,设备间隔应小于 3 mm。所有设备的垂直偏差应小于机柜高的 1‰。

(5)不设底座的设备,可直接固定在地面。

(6)电气化区段电化综合柜应与地面做绝缘处理(图 2-5),当机房设有综合接地的,底座不再加装绝缘。所有长途缆线在室外局前井做绝缘节。

图 2-4　设备安装整齐　　　　图 2-5　底座加绝缘

(7)底座与机柜通过螺栓连接和固定,连接螺栓直径和膨胀螺栓一致。

5. 设备标识

设备安装后,为便于设备配线和质量跟踪巡检,设备上应张贴或悬挂相应标识,如图 2-6 所示。

图 2-6　设备标识

6. 子单元设备安装

(1)先拆除子单元设备外包装,核对其名称、规格型号是否和设计一致。

(2)核对子单元设备所在机柜和安装位置。

(3)将子单元设备插入指定机柜的对应子框位置,将螺栓紧固,如图2-7所示。

图2-7　子单元设备

(4)带挂耳的子单元设备,按照预配位置进行安装。

(5)子单元设备的电源、地线所用的缆线颜色应符合规范要求(相线为红、黄、绿色线,零线选蓝色线,地线为黄绿线)。

7. 板件安装

(1)插拔板件应先戴上防静电手环,然后两手一上一下扶着板卡,沿插槽导轨方向平稳推拉,使其与子框母板对应接口可靠衔接或安全分离,如图2-8、图2-9所示。

(2)单板固定:当板件与子框母板对应接口插槽可靠连接,单板才能锁住,紧固螺栓才能安装到位。

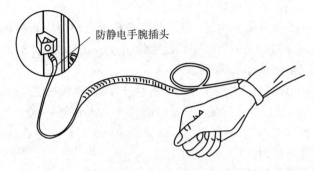

图 2-8 戴手环

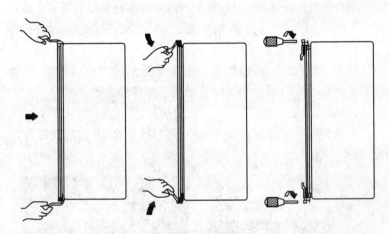

图 2-9 插拔单板

2.5.2 桥架安装

1. 桥架安装要求

(1)桥架的规格型号应符合设计要求,配套的锚栓、丝杆、角钢等材料应符合设计要求,并满足桥架承重要求。

(2)桥架在顶板上安装时,植入顶板的锚栓应牢固,丝杆要上紧,托板高度应符合桥架标高要求。

2. 桥架安装施工

(1) 锚栓(或膨胀螺栓)定位

根据桥架安装路由图,用墨线仪和角尺在房屋内顶板进行锚栓定位或在墙壁上进行膨胀螺栓定位。

(2) 锚栓(或膨胀螺栓)安装

1) 用电锤打孔时,锤头应对准孔位十字线,然后扶正电锤,均匀加力开钻。要求钻孔深度与锚栓(或膨胀螺栓膨胀管)长度一致。

2) 植入锚栓(或膨胀螺栓),锚栓顶面应和顶板面一致;膨胀螺栓膨胀管与墙面一致。

(3) 吊杆、托板安装

吊杆为丝杆,吊杆直径应与锚栓相匹配,吊杆长度与桥架安装标高相匹配。吊杆旋紧后,用双螺母固定托板,桥架托板间距 1.5 m。

(4) 支(托)架安装

桥架、线槽沿墙架设时,应贴墙设置 L 形或三角形支架,支架应安装平稳、牢固,桥架和支(托)架用连接螺栓连接。

(5) 桥架安装

1) 桥架安装高度应和设计标高一致,桥架交越时,应设转角弯头,如图 2-10 所示。

图 2-10 桥架交越

2) 贴墙安装的支托架和壁槽应平顺,标高符合设计要求,如图 2-11 所示。

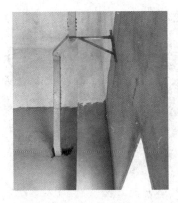 

图 2-11 壁槽

3）不论是桥架、壁槽、地槽，槽间应设连接地线，连接线材质应为截面积不小于 10 mm² 的铜线或铜带，如图 2-12 所示。

图 2-12 连接地线

3. 桥架分支

(1) 桥架、壁槽等分支时，应在钢槽上加装闭塞与引出钢管相连，钢管转弯超过两个时，应设转线盒转接，如图 2-13 所示。

(2) 穿线管过墙时，应加过墙保护管，以便管线维修，如图 2-14 所示。

(3) 站台顶棚上安装桥架时，其路由应符合设计要求。桥架安装时应在顶棚施工单位指导下实施，如图 2-15 所示。

图 2-13 桥架分支

图 2-14 线管过墙

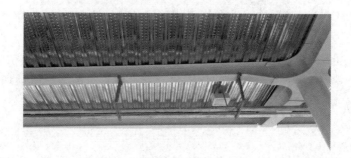

图 2-15 站台桥架

2.5.3 走线架安装

1. 下走线架安装

下走线架安装应注意装修地板支腿位置,避免位置冲突,影响地板支腿安装,如图 2-16 所示。

2. 上走线架安装

(1)上走线架其规格、高度等应符合设计要求。

(2)上走线架距吊顶高度一般不少于 300 mm,如图 2-17 所示。

图 2-16 下走线架　　　　图 2-17 上走线架

(3)上走线架有吊装和机柜顶部支撑安装两种方法。

(4)走线架安装。

1)上走线架吊装时,直线段每 1.5 m 设一处支撑,转弯处增加一处支撑,当长度在 2 m 以内的,两端各设一个支撑。

2)走线架壁装时,直线段每 1.5 m 设一个支撑,转弯处增加一处支撑,长度小于 2 m 的,只在两端设支撑;垂直方向安装时,高度不大于 2 m 的,上下各设 1 个支撑,高度大于 2 m 时,中间每隔 1.5 m 设 1 个支撑,如图 2-18、图 2-19 所示。

3)利用设备支撑安装的走线架,应注意保持平衡,以保证走线架稳定、安全,如图 2-20 所示。

3. 室外走线架安装

(1)安装时贴墙一侧用角钢支撑、膨胀螺栓固定,铁塔侧用角钢支撑,抱箍与铁塔固定。

图 2-18　上走线架　　　　图 2-19　壁装走线架

图 2-20　设备支撑式上走线架

(2)当室外走线架长度超过 5 m 时,中间应设支撑,确保走线架保持稳定,如图 2-21 所示。

图 2-21　室外走线架

4. 地槽安装

(1)地槽安装应充分考虑机房地板支腿位置,并在地槽下设置U形托架支撑,U形托架高度 50 mm 左右,宽度与地槽宽度一致,设置间隔 500 mm 左右,如图 2-22 所示。

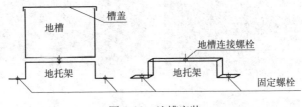

图 2-22　地槽安装

(2)地槽开口位置应与设备出线孔相对应,为规范起见,机柜对应出口应使用三通地槽进行拼接,如图 2-23 所示。

图 2-23　地槽开口

(3)安装效果。

1)地槽结构相对稳定,地槽和三通可以分站预配,做到成品安装,使其整体美观,如图 2-24 所示。

2)单根缆线从地槽引出时,应在槽上开孔,加装闭塞用金属线管引至末端设备,如图 2-25 所示。

3)为便于缆线在地槽内固定,地槽内可预设缆线固定卡,如图 2-26 所示。

图 2-24 地槽安装

图 2-25 线管闭塞

图 2-26 缆线固定卡

5. 壁槽安装

壁槽垂直方向安装时,最少设 2 个支架,且上下两个支架设在距壁槽末端约 300 mm 的位置,垂直壁槽长度大于 2 m 的,每隔 1.5 m 设一个支架,如图 2-27、图 2-28 所示。

图 2-27　壁槽　　　　　　图 2-28　壁槽支架

6. 预埋地槽或钢管

(1)在站厅、机房基准面下预埋地槽、钢管时,应注意标高,要求其顶面距地面标高不少于 50 mm。

(2)地槽、钢管的接头处应做好防水处理,避免污泥侵入,对气密性有特别要求的地槽、钢管,应按要求做气密性试验,两端应按要求做好常规封堵,如图 2-29 所示。

图 2-29　预埋地槽

(3)室内地埋管应紧贴地面基层设置,避免预埋管顶面超出地面,或预埋管上混凝土保护层太薄,影响地面强度,如图2-30所示。

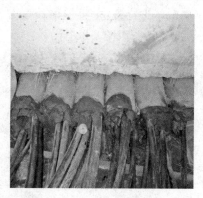

图 2-30 预埋钢管

2.5.4 线管、各类线盒预埋

1. 线管预埋

(1)室内预埋管线的规格型号应符合设计要求。

(2)管线预埋的开槽深度应保证预埋底盒、分线盒正面与粉刷后墙面平齐,并用水泥砂浆进行保护,保护层厚度≥15 mm。如图2-31、图2-32所示。

图 2-31 开槽　　　　图 2-32 预埋管线

(3)预埋管线用扎丝和水泥钉固定,固定间隔 0.5 m 左右,所用扎丝和水泥钉不得露出墙面。

(4)线管、底盒、分线盒固定好,应使用 M10 水泥砂浆进行压实保护,如图 2-33 所示。

2. 各类线盒预埋

(1)线盒预埋应在砌体结构成形后、墙面内粉刷之前完成。

(2)各类线盒预埋应按设计文件要求选点、定位、剔槽、开孔、预埋、绑扎固定和墙面恢复。

图 2-33　墙面恢复

(3)各类线盒表面高度应和墙体粉刷表面平齐,线盒与进线管之间用闭塞连接,如图 2-34 所示。

(4)各类接线盒面板应盖在墙面上,如图 2-35 所示。

图 2-34　线盒预埋

图 2-35　接线盒面板

(5)立柱外加装装饰板材时,线管固定在立柱上,线盒固定在装饰板材底面,以便终端设备接线、安装,如图 2-36 所示。

3. 地插预埋

地插接线盒应与地面标高一致,选用的地插面板固定在地面上。地插为防水面板,面板与地面间用防水胶密封,如图 2-37 所示。

图 2-36　立柱上线盒安装

图 2-37　地插

2.5.5　室外缆线引入

(1)缆线上走线引入时,应在室外侧缆线进口处设滴水弯,避免雨水或露珠沿缆线流入室内,危及室内设备运行安全,如图 2-38 所示。

图 2-38　滴水弯

(2)缆线采用下走线时,室外应设引入井,室内地坪应高出引入井,缆线引入后,引入口应做封堵,避免室外存水灌入室内。

2.5.6　室内布线

1. 室内布线施工要求

(1)电源线

1) 交流电源线。交流电源线的规格型号应和设计一致,芯线色谱应符合规范要求。三相交流电 A 相用黄色线,B 相用绿色线,C 相用红色线,零线 N 用蓝色线,接地线 P 用黄绿线。

单相交流电,红(或黄、或绿)色线接相线,蓝色线接零线,黄绿线接地线。

2) 直流电源线。直流电源线的规格型号应符合设计要求,正极用红色线,负极用蓝色线,接地线用黄绿线。

3) 设备保护地线。设备保护地线统一用黄绿线,其线径应符合设计要求。

4) 电源线性能要求。所有电源线的直流电阻、电气绝缘强度、绝缘电阻应符合规范要求。

5) 电源线终端。电源线截面积小于 6 mm^2 的采用冷压或锡焊接线端子,截面积大于 10 mm^2 的用管式铜鼻子做接线端子,用液压钳压接。

电源线终端时,其保护管颜色应和缆线色谱一致。

6) 缆线绑扎时,扎线间隔应均匀,松紧度适中,缆线应顺直、不交叉。

7) 缆线标识,应使用机打标签,文字简练、字迹清晰。

8) 室内电源线、地线禁止设接头。

9) 缆线布放后,应做对号测试,终端上线时应再次确认,并核对去向标识信息是否正确。

(2) 2M 同轴线缆

1) 2M 同轴线缆展放应使用专用支架,避免残留应力过大,损伤缆线。

2) 缆线转弯应圆滑自然,转弯半径应大于缆线外径的 15 倍,扎线应均匀,间隔 30 cm 左右,松紧适度。缆线转弯处不叠绑扎,所有扎带应绑在圆弧外侧的直线段,如图 2-39 所示。

3) 缆线绑扎应均匀,缆线较多时可用十字扣绑扎,扎带毛头应剪平,如图 2-40、图 2-41 所示。

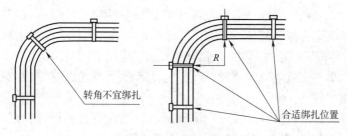

图 2-39 缆线转弯绑扎

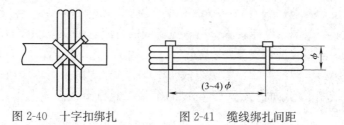

图 2-40 十字扣绑扎　　图 2-41 缆线绑扎间距

4）2M 同轴线中间不得有接头，内外导体间绝缘应大于 1 000 MΩ（不带设备端子）。

5）2M 同轴线终端所用的 BNC 头应与设备接口规格一致，内导体焊接良好、外导体压接紧密。

6）2M 同轴线终端前后应对号测试，缆线标识信息应和去向信息一致，且符合运营维护习惯。

（3）音频、数据电缆

1）音频、数据电缆布放应使用专用支架，避免缆线出现扭绞。

2）缆线中间不得有接头，线间及对地绝缘应大于 50 MΩ（不带接线端子）。

3）电缆成端有两种方式，即焊接和卡接。

采用焊接时要做到速度快、位置准，避免过热造成绝缘开裂、后缩，焊点应饱满光滑、无虚焊，目前已很少使用。

采用卡接时应根据卡接模块类型，选用合适的卡接刀，卡线时应对准卡线槽,一次卡接到位。

4)音频数据缆线成端时应做少量预留,既美观,又便于运营单位维修。

5)音频数据线终端前后应做对号测试,核对缆线标识信息,确保上线正确无误。

(4)光纤

1)光纤布放前应逐一编号,字迹应清晰。

2)同设备、同方向光纤可同管敷设,保护管两端切口应平整无毛刺,光纤穿放后管口用海绵封堵。

3)光纤连接规则:"奇数"纤接上行站"发光口",对应的下行站为"收光口";"偶数"纤接上行站的"收光口",对应下行站的"发光口"。如图2-42所示。

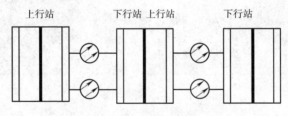

图2-42 光纤连接规则

4)尾纤绑扎不宜过紧,弯曲半径应大于50 mm,避免影响光纤的传输特性。

5)光纤与设备连接前应先核对缆线去向标识信息是否正确,并用光纤对号器对号,核对每一对光纤的衰耗是否一致。

(5)网线布放与终端制作

1)网线布放、绑扎同音频、数据电缆,要求绑扎间距均匀,松紧适度,避免影响网线传输特性。

2)非屏蔽对绞电缆的弯曲半径应大于缆线外径的5倍。

3)网线制作。

①网线外护套不宜开剥太长,一般30 mm左右,然后把芯线

理直,保留 10 mm 左右,用网线钳剪切整齐,插入 RJ45 网线头,用网线压接钳压接成型,如图 2-43~图 2-45 所示。

图 2-43　网线开剥

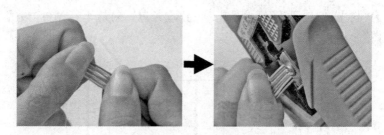

图 2-44　网线剪切

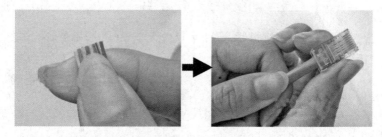

图 2-45　网线头压接

②网线制作后,应使用网线对号器对号,并做好标识。
2. 缆线绑扎要求
(1)缆线绑扎前应先理直、理顺,做到不交叉。

(2)缆线较粗时用马蹄扣绑扎;缆线较细时用单扣绑扎。扎扣间隔 300 mm,松紧适度、均匀一致,如图 2-46 所示。

图 2-46　缆线绑扎

(3)同槽同类线绑扎时,式样应一致。不同类型、不同颜色的缆线宜分把绑扎,显得整齐美观,如图 2-47 所示。

图 2-47　不同类型、不同颜色的缆线绑扎

(4)缆线转弯处不宜绑扎,避免缆线拽拉出现死弯,如图 2-48 所示。

3. 室内缆线布放方法

(1)布放室内缆线时,应使用电缆支架,人工展放。

(2)室内同路径布放多条电缆时,一人最多控制两盘,保证安全放线,如图 2-49 所示。

图 2-48 转弯错误绑扎　　　　图 2-49 室内放线

(3)室内布放缆线应合理规划缆线路由,避免缆线交叉,影响整体美观,如图 2-50、图 2-51 所示。

图 2-50 分层布放　　　　图 2-51 平行排列

(4)缆线敷设应分步实施,避免一次布线过多,给缆线整理、绑扎带来困难,如图 2-52 所示。

(5)线盘倒置落地展放,很难将缆线理直,如强行将缆线拉直,由于缆线应力无法释放,极易损伤芯线绝缘,影响缆线电气性能,如图 2-53 所示。

 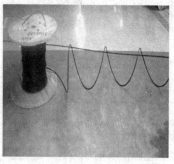

图 2-52　缆线堆放过多　　　　图 2-53　缆线没理直

4. 机房常见走线方式

(1) 设备上走线时，缆线从设备顶部缆线预留孔引入，如图 2-54 所示。

(2) 设备下走线时，缆线从设备底部进线孔引入，如图 2-55 所示。

图 2-54　设备上引入　　　　图 2-55　设备下引入

(3) 设备内走线，应根据机柜的类型、引入孔位置、缆线类型、缆线终端部位，进行合理规划，尽量做到电源线、数据线分侧设置，两者同侧布置时应有 50 mm 间隔，如图 2-56 所示。

图 2-56　设备内缆线引入

2.5.7　设备配线

1. 总体要求

(1)缆线引入口选定：设备配线不论是上走线还是下走线，引入机柜前应先确认设备接口位置，以便合理选定引入口，做好缆线走线预留长度规划。

(2)缆线预留：光电缆引入机柜后，为方便施工和维护，所有缆线都应做适当预留，预留长度应满足缆线故障维修重新制作三次的用量，同时满足缆线终端制作方便、插拔灵活的要求。

(3)光纤在设备侧应有不少于 0.3 m 的余量，方便故障查找和缆线测试，光纤余留固定在机柜侧面骨架上。

(4)2M 线、网线、音频线在设备侧的预留一般不应少于 0.3 m，以方便施工和运营维护。

(5)设备侧电源线，上线端子侧预留不少于 0.15 m，以方便施工安装和运营维护。

2. 光缆终端

(1)光缆终端固定

1)光缆不论从机柜顶部或机柜底部引入机柜，均应在引入单元进行固定，光缆的加强芯紧固后应露出 1~2 cm，然后做回头或套上保护管,避免加强芯损伤光纤束管;加强芯做回头的,其回头方向应与光纤束管引上方向一致,如图2-57、图2-58所示。

图 2-57　上端引入固定

图 2-58　下部引入固定

2)光缆开剥后,光纤束管距光缆金属外护套不少于30 mm,光纤束管取出后换成聚乙烯柔性保护管后,沿机柜侧面龙骨引至光纤配线架的熔接单元,光纤引上弯曲应平缓,最小弯曲半径应大于50 mm。

3)光纤束管沿机柜引上时,使用自粘扣带或铜扎丝绑扎。扎线不宜过紧,避免影响光纤传输特性,如图2-59所示。

(2)光纤终端熔接

光纤束管引至光纤熔接盘后,应和终端尾纤一起进行预盘,然后进行光纤开剥、清洁、断面切割、光纤熔接、加强管热熔、光纤收容盘留、测试、标识等工序,完成光纤终端熔接,如图2-60所示。

3. 光纤配线

(1)ODF侧光纤盘留和固定

1)设备尾纤引入光纤单元与法兰对接时,应分层绑扎,图2-61所示。

2)设备尾纤较长时,可盘在光纤盘留单元上,如图2-62所示。

图 2-59 光纤束管绑扎

图 2-60 光纤终端熔接

图 2-61 光纤终端

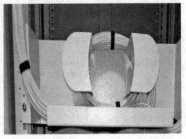
图 2-62 尾纤盘留

(2)设备侧光纤处理

1)光纤沿机柜侧面引至光设备接口单元后,沿光纤理线架分配到对应的光接口板上。

2)光通信设备因容纳的光接口板数量不一,需要引入的光纤数量不一,借用同一保护管引来的光纤因插接的位置不同,会出现长短不一现象,为保证光设备面板光纤整齐,光纤长度可在机柜侧面进行微调、盘留和固定,如图 2-63 所示。

4. 2M 配线

(1)DDF 单元 2M 配线

1)DDF 单元的 2M 配线应根据 2M 单元子框的多少合理规划,以便决定 2M 线的绑扎形状和预留摆放位置,如图 2-64 所示。

图 2-63　光设备尾纤固定　　　　图 2-64　2M 配线

2)2M 线在 DDF 架上可用扎带扎成方形、圆形,也可用理线架做成长方形,2M 线不论哪种绑扎结构,都应将进线与出线分把绑扎,以便维护辨认。

3)DDF 子框满配时,正面和背面的 2M 线应分把引入,以便于辨认去向,如图 2-65 所示。

4)2M 线制作时,应先进行端子预配、分层编把,再进行开剥、外导体焊接(或压接)、内导体焊接、防护管热熔、2M 头组装、对号测试,最后插到 DDF 单元对应的端子上,如图 2-66 所示。

图 2-65　2M 线分把引入　　　　图 2-66　分把绑扎

5)2M 头焊接时,点点松香水,掌握好焊接时间,确保焊点堆锡饱满、光滑无毛刺;采用压接钳压接时,压槽应和外导体卡箍相匹配,以保证压接质量。

6)在 DDF 架上,传输设备来的 2M 线插在 DDF 单元的上端子,终端设备来的 2M 线插在 DDF 单元的下端子。

(2)设备侧 2M 配线

传输设备侧的 2M 线由于 1 块接口板就能容纳 63 个 2M,分上下 2 个接口,对位成品插头,绑扎时由于线多,所以梳理起来比较慢。但要把线理顺,绑扎均匀,以求美观。如图 2-67 所示。

(3)终端设备侧 2M 配线

1)终端设备侧 2M 配线,沿机柜的侧面骨架理顺绑扎,并按 2M 出线顺序沿理线架分组绑扎,做 2M 头,再对号和插接。

2)为便于 2M 线维护,2M 线在设备侧应做适当预留,其预留长度和弯曲方向应保持一致,如图 2-68 所示。

图 2-67 传输设备 2M 线

图 2-68 设备侧 2M 线

3)小终端设备的 2M 线布置时,应尽量设置理线槽,确保缆线稳定,保证设备可靠运行,如图 2-69 所示。

5. 音频配线

(1)MDF 配线单元的音频电缆配线,应沿理线架分把绑扎固定,预留弯应弯曲自然,软电缆弯

图 2-69 终端侧理线槽

曲半径不小于缆身外径的 15 倍,如图 2-70 所示。

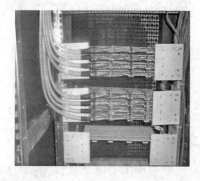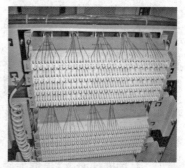

图 2-70 音频配线

(2)交换设备来的音频线卡在 MDF 模块的上端子,引至终端设备的音频线卡在 MDF 模块的下端子,以便正确识别和维护。

(3)交换设备侧音频配线沿设备背板上的理线器进行绑扎和固定,如图 2-71 所示。

图 2-71 交换设备侧音频配线

6. 数据线

(1)NDF 单元配线

1)网线作为重要的数据线,在 NDF 机柜上沿设备骨架用箍线器固定或分把用扎带绑扎,然后按照端口分配位置进行预配、绑扎、开剥、理线、卡接、对号等工序完成设备配线。如图 2-72 所示。

图 2-72 网线绑扎固定

2)卡接网线时,应根据卡接模块类型选用卡接工具,保证卡线质量。

(2)设备侧网线配线

1)网线在多接口交换设备上终端时,应借助理线架进行绑扎,以保证缆线与接口对接良好,如图 2-73 所示。

图 2-73 设备侧网线配线

2)引至终端设备的网线较多时,可沿机柜两侧布置,如图 2-74 所示。

3)网线终端制作流程,应遵行先预配终端位置,再绑扎、开剥、理线、压水晶头、对号、终端插接等,设备侧网线应做适当预留,以便于插拔维护。

(3)信息底盒配线

1)信息底盒分壁装和地插两种,壁装时应横平竖直,标高符合设计及规范要求;地装时,应采用防水型安全面板,面板与地面密贴,并作防水处理,避免水滴和灰尘侵入。壁装信息底盒如图 2-75 所示。

图 2-74 设备两侧配线

图 2-75 壁装信息底盒

2)引入信息盒的缆线不宜过长,上线后预留 100~200 mm。

3)信息面板安装应横平竖直。

7. 视频配线

(1)机柜侧视频线沿理线架绑扎,并做适当预留,以便缆线插拔维护,缆线预留做弯要自然、一致,如图 2-76 所示。

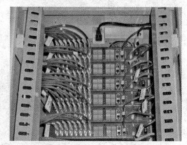

图 2-76 视频线固定

(2)视频线与电源线尽量分侧布置,同侧布放时,应分把绑扎,间距 50 mm。

8. 电源配线

(1)高频开关电源柜

1)两路市电从交流配电箱引出后,应选择布线距离最短的桥架或地槽布放。

2)交流电源线常用 BV 或 BVR 系列电力缆线,引入机柜后去除外护套进行绑扎固定,如图 2-77 所示。

3)从高频开关电源柜引出直流线时,应确认空开位置和容量,然后进行缆线绑扎和固定。

(2)DDU 插排

1)DDU 插排应正向安装,避免反向安装误判开关通断状态,如图 2-78 所示。

图 2-77 电源配线　　　　图 2-78 正向安装 DDU

2)同一 DDU 插排不宜下挂太多设备,避免一台设备负荷过载,影响其他设备工作。具体规划应符合设计要求。

(3)蓄电池引出线

1)蓄电池引至开关电源柜的电源线,关系到整个机房的通信设备供电,应做好保护。沿蓄电池架引上时,应走内侧,避免外置时意外损伤。如图 2-79 所示。

2)蓄电池至开关电源柜的电源线规格应符合设计要求。

图 2-79 蓄电池架走线

9. 设备地线

（1）机房接地应设等电位接地箱，以便引至机房各设备。

（2）接地箱应根据设计要求，选择壁挂或落地安装，落地安装时，应设托架，如图 2-80、图 2-81 所示。

图 2-80 落地接地箱　　　　图 2-81 壁装接地箱

（3）为确保设备可靠接地，接地箱中的综合接地排和连接螺栓应为纯铜材质。

（4）末端设备设有综合接地排的，综合接地引至综合接地排，没有接地排的，引至相应接地端子。

2.5.8 常见通信设备安装要求

1. 基本要求

（1）机房设备布置应符合设计要求，设备安装做到行列整齐、相邻设备间隙应小于 3 mm，且上下一致，所有设备的垂直度偏差不大于 1‰。

（2）设备不论是上走线还是下进线，均不得影响各单元设备维护，缆线引入孔应使用防火胶泥进行封堵。

（3）缆线固定方式应根据各设备的布局合理选择，以保证机柜配线整体美观为原则。

（4）设备配线制作中，应及时粘贴机打标签，标签书写格式符合运营维护要求，做到简洁、清晰、方便辨认。

2. 电源系统设备

（1）为保证电源系统运行安全、稳定，通常分室安装电源系统设备，如图 2-82 所示。

（2）为减少交直流电源线压降，交直流电源线布放前应做好路由规划，应选择最短布线路由。

3. 传输系统设备

（1）通信传输设备由于防尘要求高，因此设备安装后应做好防尘处理。

（2）设备配线不论是上进线，还是下进线，均应做好规划，确保光纤布放、盘留安全，如图 2-83 所示。

图 2-82　电源机房

图 2-83　传输设备布线

4. 时间时钟系统设备

时间时钟设备配线端子相对密集，应做好规划，做好预留，以便插拔维护，配线的预留设在机柜侧面骨架上，如图 2-84、图 2-85 所示。

图 2-84　时钟设备配线　　　　图 2-85　时间设备配线

5. 车站时钟设备

(1) 车站时钟设备一般由 GPS 天线、GPS 同步时钟接收设备、时钟扩展输出单元、时钟管理服务器、时钟电源和时钟组成。

(2) 车站时钟线从时钟扩展单元引出，按照设计规划顺序编排，以便维护，如图 2-86 所示。

 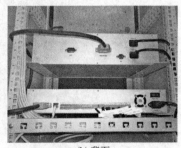

　　(a) 正面　　　　　　　　　　(b) 背面

图 2-86　时钟设备

(3)设在车站站厅、站台、公共区、房间的时钟其规格型号应符合设计要求,根据其用途,选用吊装或壁装形式。

(4)吊装或壁装时钟距顶棚(顶板)的高度不少于 100 mm,以便安装和维护,如图 2-87、图 2-88 所示。

图 2-87　壁装时钟　　　　图 2-88　吊装时钟

6. 广播系统设备

(1)广播机柜配线应按广播分区顺序配线,以便维护,所有配线应绑扎美观、上线牢固、标识清晰,如图 2-89 所示。

图 2-89　广播机柜配线

(2)广播终端。

1)常见的广播终端有吸顶式、壁挂式、抱杆式三种。

2)吸顶广播用吊杆固定,其护盖紧锁在吊顶上。吊顶为栅格式时,广播应装在栅格上方 100 mm 处,以保证声音传播质量,如图 2-90 所示。

3)壁挂广播可贴墙或加支架安装,如图 2-91 所示。

图 2-90 吸顶式广播　　　　图 2-91 壁挂式广播

4)铁路站台、露天广场安装的广播多采用支柱安装。借用站台立柱的,应将广播支架固定在立柱抱箍上,室外广播还应具有防潮防尘措施。

5)壁挂式、抱杆式室外广播应按设计高度安装,俯视角通过自带的辅助支架来调整,如图 2-92 所示。

(3)广播控制盒设在具有播音权的客货运广播室,如图 2-93 所示。

图 2-92 抱杆式广播　　　　图 2-93 广播控制盒

7. 电视监控系统设备

(1)摄像机

1)按照设计的标高、安装位置和覆盖范围进行安装和倾角调整,以保证摄像机的监控范围要求。

2)球机前端控制箱可直接固定在摄像机旁边的屋顶上,也可装在摄像机的吊杆上或就近的桥架上,不论装在什么位置,都不得影响整体美观,且便于维修,如图 2-94 所示。

图 2-94 球机安装

3)壁装球机应设专用支架固定,如图 2-95 所示。

图 2-95 壁装球机

4)半球摄像机为定焦广角监控,为避免监控盲区,应设在墙角的顶板上或吊顶上,如图 2-96 所示。

图 2-96 半球摄像机安装

5)枪式摄像机一般装在车站的出入口、闸机口、楼梯口、电梯口、设备区等,枪式摄像机应正对目标区,焦距调准后锁紧,如图 2-97~图 2-99 所示。

图 2-97 闸机处枪机

图 2-98 电梯口枪机　　　　图 2-99 出口枪机

6)外场设置的枪式摄像机应正对监控目标区,其控制机箱应有防水措施,摄像机镜头调整后锁紧,如图 2-100、图 2-101 所示。

图 2-100　站段(场)枪机

图 2-101　基站枪机

(2)电视监控显示终端

1)电视监控显示终端一般分设在行车室和派出所值班室,由于屏幕小,监控点位多,一般可通过人工或自动切换实现全景观测,如图 2-102、图 2-103 所示。

图 2-102　行车室监控

图 2-103　派出所监控

2)调度大厅、应急指挥中心、监控值班室均设电视墙,以便多点全景监控,如图 2-104 所示。

图 2-104 调度大厅电视墙

3)电视监控墙安装时应横平竖直,接缝紧密,所有显示单元应在同一平面上,接缝偏差应<2 mm。

4)电视监控大屏配线应走设备背面,所有数据线、电源线中间不得有接头。

5)所有缆线终端制作请参照前面 2.5.7 中相关要求实施。

8. 信息屏安装

车站各种引导屏、PIS 信息屏安装时,其位置、标高应符合设计要求,如图 2-105～图 2-108 所示。

图 2-105 站台屏

图 2-106 通道 PIS 屏

图 2-107 站台 PIS 屏

图 2-108 车站公告屏

9. 无线通信系统设备

(1) 机房设备安装。

1) 无线通信设备多为进口设备,对机房环境要求较高,安装时应做好防尘和成品保护。

2) 为避免无线通信设备出现开路发射烧坏设备,馈线引进设备前应在专用爬架或无线扩展柜进行终端盒固定,并根据设计要求加装防雷单元,如图 2-109、图 2-110 所示。

(2) 铁路行车室的无线值班台已纳入车站数调值班台,如图 2-111 所示。地铁的 400 MHz 无线值班台目前是单设,如图 2-112 所示。

图 2-109 无线扩展柜

图 2-110 专用爬架

图 2-111 车站行车值班台

图 2-112 地铁无线值班台

(3)无线天线分类。

1)按频段分:单频天线,多频天线,宽频天线。

2)按辐射方向分:全向天线,定向天线。

3)按极化方式分:水平(单)极化天线,垂直(单)极化天线,双极化天线。

4)按下倾调节方式分:电调天线,机械调整天线。

5)按外观分:板状天线,吸顶天线,八木天线,泄漏电缆。

(4)吸顶天线安装。

1)吸顶天线多用于小区、楼道、室内等小型区域,天线多为蘑菇头形状,安装时应将其完整地暴露在吊顶下方,以保证无线信号有效覆盖。

2)同一系统的收发天线应分开安装,收发天线间距1.2~1.5 m。

3)不同运营商的吸顶天线应保持1.2~1.5 m间距,以减少相互影响,如图2-113所示。

4)检修库设置的吸顶天线,安装在吊顶骨架下方,安装位置、间距符合设计要求。天线接头处应做防水处理,如图2-114所示。

图2-113 吸顶天线

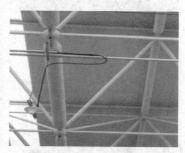
图2-114 检修库吸顶天线

(5)板式天线安装。

1)地铁出入段线常用板式天线进行无线覆盖,板式天线借用自带的小支架安装在洞口挡墙上,天馈线接头应做好防水处理,如图2-115所示。

图2-115 板式天线

2)定向通信天线用于铁路站间无线通信,天线可以安装在铁塔上、电杆上或车站房顶上,不论安装何处,天线与馈线的接头都应做好防水,并按要求为馈线接地,避免雷电侵入室内。如图2-116、图2-117所示。

图2-116　塔装天线

图2-117　杆装天线

10. 数字调度通信系统设备

(1)数字调度通信系统设备主要包含主系统、分系统、网管和值班台设备。其中,主系统、网管设在调度中心,分系统设置在车站机房,值班台设在车站行车室,调度台设在路局调度所。

(2)数字调度主系统、分系统设备在机房的安装位置和安装方法与其他通信设备安装一样。

(3)数字调度设备侧配线时,应做好配线规划,沿理线架绑扎,设备侧应做适当预留,方便插头插拔维修,如图2-118所示。

(4)车站值班台的数据线应引进工作台,值班台供电方式应符合设计要求。

11. 通信中心设备

通信中心机房设备较多,应根据设计要求进行合理布置,缆线敷设前应做好统一规划,尽量做到少交叉。缆线在地槽或上走线架布放应顺直、叠放有序,缆线敷设后,应及时对缆线引入口进行防火封堵,确保机房不受鼠害和火灾袭扰。如图2-119所示。

图 2-118　数字调度配线　　　图 2-119　通信中心机房

12. 网管中心

网管中心是通信系统的综合管理中心,一般采用下走线方式。缆线多为网线和电源线,应注意做好标识,避免错位,缆线在地槽中布放也应分把绑扎,确保缆线布放整齐、美观。网管中心如图 2-120 所示。

图 2-120　网管中心

2.5.9　区间设备安装

1. 地铁通话柱

(1)地铁区间通信由贯通两车站的市话电缆和区间通话柱构

成,电缆为 HYAT53—10×0.7 市话电缆。区间每 200 m 设一处通话柱,通过芯线桥接使通话柱与车站连通。区间通话柱安装在洞壁上,其高度应符合设计要求,如图 2-121 所示。

图 2-121 地铁通话柱

(2)为避免通话柱内部受潮,进线孔应做防潮封堵处理。

2. 铁路通话柱

(1)铁路通话柱间距在 1.5~2.0 km,一般设在铁路路肩,以方便司机、工务维修和事故抢险寻找和使用,如图 2-122 所示。

图 2-122 铁路通话柱

(2)通话柱采用对称电缆,在通话柱内做成端,芯线做适当预留,引入口应做防潮封堵。

3. 区间无线基站设备安装

(1)区间无线基站设备应具有很好的防水、防潮性能,安装时应设专用支架使其与洞壁隔离。

(2)为便于区间基站设备缆线布线和绑扎固定,设备下方可设专用走线架,方便施工,如图 2-123 所示。

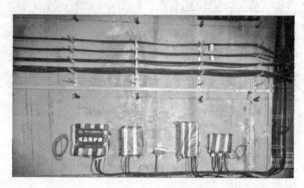

图 2-123 区间无线基站设备缆线布线

(3)区间设备防水,关键是门边和缆线引入口。因此,设备安装前应先检查设备门边和缆线引入口的防水性,待设备安装后,再次确认门边防水胶条是否完好。缆线引入时用一层防水胶泥和两层防水胶带交替缠绕使其将缆线引入口封堵严实,确保设备不进水、不进潮,如图 2-124、图 2-125 所示。

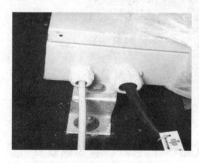 

图 2-124 设备防水封堵前　　图 2-125 设备防水封堵后

4. 区间缆线接头处理

(1)地铁区间

1)漏缆接头用两层防水胶泥和三层防水胶带交替缠绕,每层半宽重叠缠绕,确保接头不进水、不进潮。接头跳线预留弯固定在漏缆所在的径路下方的洞壁上,如图 2-126 所示。

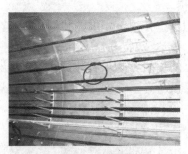

图 2-126 区间漏缆接头

2)区间内敷设的所有光缆,原则上不设接头(处理故障除外),均采用预配定长光缆;对于超长区间(长度大于 4 km 的),中间接头预配在区间的泵房或上下行区间人行巷道处,以便维护。区间设置的接头应牢固地固定在洞壁上,如图 2-127 所示。

3)区间电缆接头可放在缆线托架上,也可直接固定在洞壁上,如图 2-128 所示。

 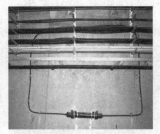

图 2-127 光缆壁挂　　图 2-128 电缆接头

(2)铁路区间

1)漏缆在区间的接头方法和防水处理工艺、接头的固定方法与地铁区间相同。

2)光电缆在区间接头时,尽量避开桥梁、隧道、道口和人流密集区。在桥上无法避让时,接头可设在避车台外侧的电缆槽道里,在隧道内接头无法避免时,可设在大避车洞里。所有光电缆接头处均应按规范设置预留,以便施工和维护。

2.5.10 缆线标识

(1)缆线标识应符合规范要求,同时兼顾运营维护习惯。所有标识应文字简洁、表达清晰。

(2)走线架上的缆线标识位置以方便观察、辨认为原则,如图2-129所示。

图 2-129 走线架上的缆线标识

(3)光缆标识常用机打标牌,挂在缆线引入单元,如图 2-130所示。设备侧光纤标识一般采用机打标签,在距光纤插头 3~5 cm 处设置,如图 2-131 所示。

图 2-130 光缆标识

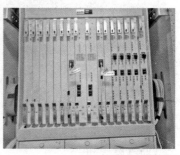

图 2-131 设备侧光纤标识

(4)视频线、网线因接口太密集,一般采用套管式标识,如图2-132、图 2-133 所示。

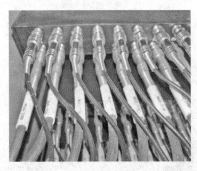 

图 2-132　视频线标识　　　　图 2-133　网线标识

(5)2M 线标识设在距插头 3～5 cm 处的位置,如图 2-134 所示。

(6)排列密集的电源线,一般采用套管式标识,以方便辨认,如图 2-135 所示。

图 2-134　M 线标识　　　　图 2-135　电源线标识

2.5.11　孔洞封堵

(1)各种孔洞常用防火胶泥封堵。

(2)通信桥架和线槽穿越楼板、墙洞时应做防火封堵。

(3)机房为通信预留的各种进线孔洞、穿线管应做防火封堵,如图 2-136 所示。

(4)缆线引入机柜后,设备底板预留的孔洞也应封堵,如图 2-137 所示。

图 2-136　管孔封堵　　　　图 2-137　引线孔封堵

(5)所有车站、通信站局前人手孔的穿线孔洞应做防火封堵,如图 2-138 所示。

图 2-138　局前井孔洞封堵

2.5.12　通信机房装修地板恢复

(1)通信机房防静电地板应在设备安装就位、配线引入机柜后进行安装或完整恢复。防静电地板在安装及恢复时,应做到板块接缝密贴,高度一致。

(2)设有壁槽的机房,地板块切口尽量和壁槽密贴,以求外观整齐、整体美观的效果。

2.5.13 通信设备成品保护

(1)施工中成品保护方式很多,悬挂或粘贴成品保护标识是常用的保护方式,如图2-139所示。

(a)地槽缆线　　　　　　　　　(b)设备加电

图 2-139　成品保护

(2)做好专业协调和成品保护宣传,提高全员成品保护意识。

(3)加强日常看管和巡视,防范成品被人为破坏。

2.5.14 通信系统接口

1. 内部通信接口

通信系统的内部通信接口是指通信传输系统与其他通信子系统间的接口,见表2-5。

表 2-5　内部通信接口

	接口类型及用途	音频接口	2M 电接口	FE 光纤接口	FE 数据接口
传输系统	与接入网设备接口		√	√	√
	与数字调度系统接口		√		√
	与公务电话系统接口		√	√	√
	与电源及环境监控系统接口				√
	与广播系统接口				√
	与视频监控系统接口			√	√

续上表

	接口类型及用途	音频接口	2M 电接口	FE 光纤接口	FE 数据接口
传输系统	与 PIS 系统接口			√	√
	与时钟、时间系统接口		√		√
	与集中告警(集中网管)接口				√
	与会议电视系统接口			√	√
	与应急通信系统接口		√	√	√
	与综合布线系统接口			√	
	与无线系统接口	√	√	√	

2. 外部通信接口

通信专业与其他专业常见的通信接口见表 2-6。

表 2-6 外部通信接口

接口类型及用途		音频接口	2M 电接口	FE 光纤接口	FE 数据接口
与信号专业	微机监测		√	√	√
	车次号传送	√		√	√
与供电专业	电力远动 SCADA		√	√	√
	电调电话	√			
	自动电话	√			
与客服系统	自动售检票系统			√	√
与防灾系统	防灾安全监控		√	√	√
与其他信息系统	5T 系统		√	√	√

3. 施工接口

(1)通信专业与相关专业的施工接口见表 2-7。

表 2-7 通信专业与相关专业的施工接口

序号	相关专业	接口内容
1	与土建房屋专业	暗管、暗盒预埋、桥架、钢管吊挂,各类终端吊挂件预埋等施工

续上表

序号	相关专业	接口内容
2	与站场专业	站台槽道、局前井、杆塔基础等施工
3	与桥梁专业	桥上电缆槽道安装、躲避台定位等
4	与隧道专业	隧道内电缆槽,洞壁漏缆吊挂,大躲避洞定位(缆线预留、基站设备、电源引入)等
5	与接触网专业	回流线设置是否影响漏缆吊挂,区间 RTU 设备位置等
6	与信号专业	行车室、信号设备室位置,机房微机监测、车次号、安全数据网设备接口、贯通地线预留开口点位置等
7	与电力供电专业	通信机房供电、区间基站供电、配电所 SCADA 设备位置、预留的通信设备位置等
8	与信息专业	传输通道提供,时钟提取、5T 信息传送、客服信息发布等

(2)通信专业与相关单位的协调接口见表 2-8。

表 2-8 通信专业与相关单位的协调接口

序号	相关单位	接口内容
1	设计	设计文件提供节点、设计变更、方案优化等
2	业主	工程施工协调,过程进度、安全、质量控制,设计变更、计量支付,竣工验收等
3	监理	工程施工组织设计、开工令批复、竣工申请受理,工程进度、安全、质量、计量等全过程监督、资料签认、分部、分项工程验收、检验批验收等
4	运营商	过程检查、成品质量检验,系统设备功能、性能检验等
5	物资供应商	采购合同、材料设备供应节点、技术服务等
6	独立第三方	工程主要材料送检,通信各子系统的功能、性能指标验证
7	政府	施工安全、质量监督,竣工验收

2.5.15 通信系统调试

1. 应具备的条件

(1)外接市电接入通信机房,能提供正常、可靠的供电。

(2)机房通信设备全部或单系统安装完毕,配线检查无误。

(3)长途光电缆引入机房并进行了成端接续,光电缆中继段性能指标测试合格。

(4)机房空调设备能够可靠运行,机房温湿度、大颗粒灰尘指标符合设备运行条件。

(5)通信各系统联调仪器仪表已到位,自检合格,测试人员已接受过相应培训。

2. 通信联调流程

调试准备→电源供电条件和设备加电条件确认→电源子系统加电调试→通信各子系统设备加电与稳定观测→各子系统设备数据加载→各子系统设备单机测试→传输子系统调试→其他通信子系统接口调试→系统指标验证→各系统终端设备及网管功能性能试验→提交调试报告。

3. 通信系统调试内容

(1)通信各子系统调试应严格执行规范和各子系统验收标准,确保各子系统性能指标、功能指标符合设计及业主要求。

(2)通信系统调试包括:电源系统、防雷及接地系统、时钟同步及时间同步系统、传输及接入网系统、电话交换系统、数据网通信系统、有线调度通信系统、数字移动通信系统、会议电视系统、综合视频监控系统、综合布线系统、综合网络管理系统、电源及环境监控系统等。

4. 通信各子系统主要调试项目

(1)电源系统

1)开关电源接通后,观察所有单元的指示灯是否正常。

2)接入蓄电池组,做浮—均充电转换应正常。

3)输入端电压过高、过低、输出过载、熔丝熔断均能自动告警。

4)本地和远程监控接口功能正常。

5)UPS电源交流输出电压、稳压精度、频率精度等合格。

6)UPS电源当输入、输出端电压过高、过低、输出过载、熔丝熔断均能自动告警。

7)当 UPS 设备故障时,旁路 UPS 能直接供电。

8)蓄电池组的容量、内阻和标称一致,满足设计要求,初次放电按 10 小时放电率放电,单体电池温度应正常。

9)开关电源、UPS 设备手动、自动转换正常。

(2)防雷及接地系统

1)接地电阻值应符合规范要求。

2)检测电力牵引供电接触网对各种光电缆金属芯线产生的危险电磁感应电压是否符合相关标准。

3)检测电力牵引供电接触网和不对称电力线路运行时对音频双线回路的噪声干扰是否符合相关标准。

(3)传输系统

1)SDH 同步传输系统的平均发送光功率、接收机灵敏度、接收机过载功率、接收机反射系数、光输入口允许频偏等。

2)SDH 设备的告警功能:电源故障、机盘失效、机盘空缺、参考时钟失效、信号丢失、帧失步、信号丢失、远端接收失效、信号劣化、信号大误码、远端接收误码、指针丢失、电接口复帧丢失、激光器自动关闭等。

3)基于 SDH 的多业务传输节点指标:千兆光接口指标、透传功能、汇聚功能、二层交换功能。

4)OTN 光口指标:平均发送光功率、中心频率及频偏、最大 $-20\,dB$ 谱宽、最大边际抑制比、接收机灵敏度、接收机反射系数、光输入口允许频偏等。

5)网元网管功能:告警监测、故障定位、故障隔离、故障修正、路径测试、报告管理等。

(4)接入网系统

1)触发启动功能监测:本地交换机触发启动、接入网触发启动、主链路从故障中恢复、次链路从故障中恢复、V5 接口从中断中恢复后的系统启动等。

2)V5 接口 2M 链路性能:2M 电口误码性能、比特率偏差、最大输出抖动、最大抖动容限等。

3) V5 接口实时监视信令流程、记录、分析相关协议功能。

4) ONU 与 OLT 系统间的音频通路性能：音频二四线通路电平、净衰耗频率特性、增益随输入电平变化特性、空闲信道噪声、总失真、近端串音、远端串音等。

5) 主要功能：系统保护功能、时钟同步及时间同步功能、单呼、组呼、强插、112 测量等。

6) 接入网的网管功能：网络拓扑和业务拓扑管理功能、配置管理功能、网管故障管理功能、网管性能管理功能、网管日志管理功能、网管背向接口功能。

(5) 数据网系统

1) 数据保存、时间设置、软件加载、IP 数据包端到端的转发丢包率、时延、吞吐量测试等网络性能。

2) 系统可靠性：主控板和电源模块冗余、路由模块热插拔能力、系统复位时间、路由器软件升级能力、VRRP 协议基本功能等。

3) 网管功能：设备管理、电路管理、路径管理、IP 地址管理、软件版本管理、MPLS VPN 管理、资源报表统计、资源预警等。

(6) 电话交换系统

1) 系统人工、自动启动功能。

2) 交换机系统复原控制方式及呼叫接续功能，包括：复原控制方式、本所呼叫接续、出入所呼叫接续、汇接接续、用户交换机呼叫、公用网市话局呼叫、长途全自动呼叫、特种业务呼叫、被测电话所普通用户与移动用户呼叫、接续功能等。

3) 用户分类功能。

4) 时间监控及通路强迫释放功能。

5) 对系统的计费功能。

6) 对录音通知音逐条核实功能。

7) 非电话业务功能。

8) ISDN 业务功能。

9) 交换设备与分组交换网的交换接续功能。

10) 交换设备与自动传输测量设备配合，建立测试呼叫功能。

11) 系统的维护管理功能。

12) 电话交换信令方式。

13) 电话交换联网试验：验证用户数据、局数据、局间信令协议等；长时间通话检测、忙时呼叫尝试次数满负荷检测等。

14) 网管的人机交换功能、告警管理功能、话务统计及话务观察功能、例行维护功能、网管背向接口功能等。

(7) 有线调度系统

1) 系统间个呼、组呼、会议功能。

2) 站间通话功能。

3) 呼叫优先级、呼叫限制、呼叫显示等。

4) 系统可靠性检验。

5) 系统性能调测，包括：传输误码、呼叫接通率、呼叫建立时延、传输性能等。

6) 与 GSM-R 互联信令、呼叫业务、接通率、呼叫接续时延等。

7) 有线调度系统双中心安全措施试验等。

8) 网管功能、网管性能、网管安全管理功能试验。

(8) GSM-R 数字移动通信系统

1) 移动交换子系统调试包括：移动业务交换中心性能和功能试验；拜访位置寄存器的性能、功能试验；归属位置寄存器性能、功能试验；鉴权中心性能、功能试验；设备识别寄存器性能、功能试验；互联功能单元的性能、功能试验；短消息服务中心的性能、功能试验；确认中心的性能、功能试验；移动交换设备接口功能试验；呼叫业务、功能检验；核心网设备冗余保护功能试验；移动交换子系统软件的容错能力调测。

2) 移动智能网子系统测试包括：业务交换点的性能、功能测试；业务控制点的性能、功能测试；智能外设的性能、功能测试；业务管理点的性能、功能测试；业务管理接入点的性能、功能测试；业务管理生成环境点的性能、功能测试;数据业务配置功能试验;各种业务验证。

3)通用分组无线业务子系统测试包括:服务支持节点的性能、功能测试;网关支持节点的性能、功能测试;域名服务器的性能、功能测试;认证服务器的性能、功能测试;边界网关的性能、功能测试。

4)GSM-R 无线子系统测试:BSC 的主要性能、功能测试;BTS 的主要性能、功能测试;对中继直放站设备衰减设置,验证下行信号电平覆盖和上下行平衡性能;对直放站设备的主要性能、功能测试;对分组控制设备的主要性能、功能测试;对编译码和速率适配单元的性能、功能测试;对小区广播短消息中心的主要性能、功能测试;对系统接口功能测试;对无线子系统的功能试验;网管背向接口试验。

5)GSM-R 运营与支撑子系统测试:网络管理系统的性能、功能测试;接口监测系统的性能、功能测试;漏缆监测系统的性能、功能测试;SIM 卡管理系统的性能、功能测试;系统时间同步功能测试。

6)GSM-R 无线终端测试:手持终端和无线终端的主要功能测试。

7)GSM-R 接口测试,主要有 TRAU 与 MSC 间、PCU 与 SGSN 间、MSC 与 FAS 间、MSC 与 PSTN 间、移动台与 BTS 间、BTS 与基站间、MSC 与 RBC 间的接口测试。

8)GSM-R 系统调试:场强及干扰测试;系统业务及功能试验;系统服务质量调试等。

(9)会议电视系统

主要是视频质量、音频质量测试,控制功能试验,网管功能试验。

(10)综合视频监控系统

1)综合视频时延。

2)与通信电源及环境监控、牵引供电、旅客服务、自然灾害及异物侵限系统的联动时延。

3)与其他系统互联或联动告警功能试验。

4)图像质量试验。

5)对视频内容的分析质量检测。

6)视频处理功能试验。

7)视频存储功能试验。

8)视频回放功能试验。

9)视频分发/转发功能试验。

10)视频显示功能试验。

11)系统断网保护功能试验。

12)系统时间同步功能试验。

13)综合视频监控系统与既有视频系统间互联功能、性能试验。

14)网管功能试验：业务管理功能试验、设备管理功能试验。

(11)应急通信系统

1)应急通信系统性能测试：应急现场移动终端通信距离，应急通信现场设备可靠连续工作时间，应急现场至应急救援指挥中心间端对端通信带宽、时延、丢包率。

2)应急通信系统功能测试：动态图像实时上传至应急中心，并实时显示；图像清新、画面流畅连续，并具有自动转发图像功能，存储功能；应急中心可对现场用户发起单呼、组呼、会议功能和录音，能与铁路既有调度通信网、117立接台互通功能；图像与语音通话的存储、回访、检索功能等。

3)对系统的时间同步功能、网管的背向接口功能试验等。

(12)综合布线系统

1)对5e类、6类铜缆布线系统信道指标性能测试，主要包括：最大接入损耗、最小近端串音、最小衰减串音比、最小等电平远端串音、最小近端串音功率和、最小衰减串音比功率和、最小等电平远端串音功率和、最小回波损耗、最大时延、时延差、最大直流环路电阻等。

2)对5e类、6类铜缆布线系统永久链路性能测试,主要包括:最大接入损耗、最小近端串音、最小衰减串音比、最小等电平远端串音、最小近端串音功率和、最小衰减串音比功率和、最小等电平远端串音功率和、最小回波损耗、最大时延、时延差、最大直流环路电阻等。

3)光纤信道在规定传输波长下最大光衰减,即单模的1 310 nm和1 550 nm,多模的850 nm和1 310 nm波长下的最大信道衰减。

4)光缆最大光衰减测试,即单模的1 310 nm和1 550 nm,多模的850 nm和1 310 nm波长下的最大光缆衰减。

5)光纤布线链路的最大插入损耗,包括单模和多模光纤。

(13)时钟同步及时间同步系统

1)时钟同步2级、3级节点测试:时钟的频率准确度,牵引入和保持入范围,恒温条件下的时钟漂移、抖动、输入飘动容限、输出抖动容限、相位不连续性等指标。

2)对基准时钟、大楼综合定时供给设备BITS输出的2 048 kHz、2 048 kbit/s同步信号的精度和稳定度调测。

3)定时链路测试。

4)时钟同步系统指标测试:频率准确度,牵引入和保持入范围,时钟漂移、抖动、输入飘动容限、输入抖动容限、漂移传递特性、相位瞬变、保持性能、相位不连续性等指标。

5)大楼综合定时供给设备BITS输出端口的性能测试。

6)时钟同步的同步信号锁定跟踪功能、故障告警功能、关键部件冗余功能试验。

7)对时间同步系统卫星接收设备的接收载波频率、接收灵敏度、可同时最少跟踪卫星颗数、热启动和冷启动捕捉时间、定时准确度等指标测试。

8)时间母钟设备的单机性能测试。

9）对时间显示设备的性能测试，包括：母钟故障时间设备可独立运行性能、显示性能、故障报警功能、自走时累计误差等指标测试。

10）时间同步系统功能试验，包括：能人工或自动进行多时间源输入处理，能正确判断和选择可用时间源，能进行时延补偿等。

11）采用网络时间协议 NTP 传送时间信号时的功能、性能测试。

12）时间同步系统网管功能试验：包括：告警监测、报警、告警手动消除、报警信息上传到上级网管等。

13）时间同步系统网管对系统的性能管理功能、对系统的配置管理功能、对系统的数据统计分析功能、对系统的安全管理功能试验。

14）时间同步系统对 NTP 的性能管理功能、对 NTP 网管服务器接收到的同步请求进行统计分析功能、对 NTP 网管服务器的配置、故障告警及安全管理功能等试验。

15）时间同步系统的网管背向接口功能试验等。

（14）综合网络管理系统

1）综合拓扑管理功能试验。

2）综合告警管理功能试验。

3）重点业务保障功能试验，包括重点业务/设备定制，故障查询、报表和报告等。

4）综合性能信息管理功能、综合报表管理功能、综合资源管理功能、流程管理功能、系统自身管理功能测试。

5）对告警响应时间、操作响应时间、相关性分析和故障定位时间等影响系统性能的指标测试。

6）系统采集及处理能力、采集后数据处理准确性测试。

7）系统时间同步功能、系统可靠性和功能试验。

8）综合网管各子系统性能指标管理功能试验。

（15）电源及环境监控系统

1）监控系统的功能试验。

2）监控系统的遥控、遥测、遥信功能、性能测试。

3）数据传输采用专线方式时，检测从故障点到维护中心的响应时间指标。

4）系统有备用通信路由选择时的路由倒换功能试验。

5）监控系统接入不应改变被监控设备原有的控制功能试验。

6）监控系统与机房照明、综合视频监控系统等联动功能试验。

7）系统的时间同步功能、网管背向接口接入功能试验。

5. 系统调试难点

通信应用广泛，系统接口多种多样，为保证每个系统、每个接口、每个终端工作正常、性能合格，调试工作量很大。由于涉及面广，相互制约因素多，系统调试不仅协调量大、测试工作量大，而且测试中遇到的问题会很多，需要认真分析、认真处理，确保调试工作达到业主要求。

6. 系统测试报告

通信系统联调测试完成后，应按照各子系统的测试项目和测试结果填写测试报告。对系统测试发现的不合格项，应及时通知相关厂家配合分析原因，排除设备在性能、功能方面的缺陷，直至复测合格。

系统测试报告经测试组长签认、单位领导审核盖章后提交业主。该报告将作为竣工文件的重要组成部分长期保存。

7. 系统测试注意事项

（1）所有通信设备加电前，应先核对电源供电线路是否存在短路、断路、绝缘不良现象。

（2）设备加电后应先测量输入端电压是否符合设备供电电压要求。

（3）设备加电后应观察各板件指示灯显示是否正常，如图 2-140 所示。

（4）系统调试前厂家应做好单机自检，如图 2-141 所示。

图 2-140　设备加电　　　　图 2-141　单机自检

(5) 系统测试前,应先确认被测设备的运行环境是否符合设备正常工作要求。

(6) 系统测试时,应根据被测设备类型、检测项目,正确选择合格的检测仪表进行测试,如图 2-142 所示。

图 2-142　系统测试

2.6　设备安装缺陷举例

(1) 引入钢管切口不齐、有毛刺,很容易刮伤缆线,如图 2-143 所示。

图 2-143　钢管切口不齐

(2)室内地槽、走线架缺乏整体规划,影响装修地板支架支腿安装,如图 2-144、图 2-145 所示。

图 2-144　走线架位置不当

图 2-145　地槽规划不当

(3)违反缆线引入防护原则,随意穿线、穿越墙洞,给设备运行及通信安全带来较大风险,如图 2-146、图 2-147 所示。

图 2-146　随意穿线

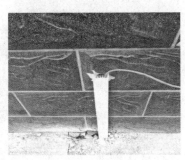

图 2-147　随意防护

(4)专业技术对接不到位、施工调查不认真、产生安装误差,如图 2-148 所示。

(5)缺乏总体规划意识,致使机房缆线交叉严重,如图 2-149 所示。

图 2-148　安装位置冲突

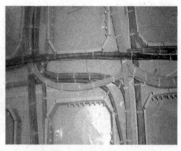
图 2-149　缆线交叉严重

(6)缆线无序布放,缺乏监管,长度卡控不严,不仅保护困难,而且预留过多,浪费严重。

(7)设备配线凌乱,缺乏工艺标准意识,如图 2-150、图 2-151 所示。

图 2-150　配线凌乱

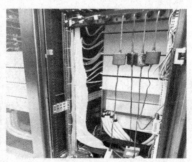
图 2-151　辅助设备固定不规范

3 无线通信建筑安装施工

3.1 执行标准

(1)《铁路通信工程施工技术指南》(TZ 205—2009)。
(2)《高速铁路通信工程施工技术规程》(Q/CR 9606—2015)。
(3)《铁路运输通信工程施工质量验收标准》(TB 10418—2003)。
(4)《高速铁路通信工程施工质量验收标准》(TB 10755—2010)。
(5)集团公司施工标准化作业系列丛书《通信工程施工作业操作手册》(2014版)。

3.2 无线通信主要施工内容

无线通信主要施工内容包括铁塔建筑、漏缆吊挂、设备安装配线、设备及缆线标识、成品保护、设备加电调试、系统性能测试、功能试验等。

3.3 施工基本要求

施工前应认真阅读设计文件,正确理解设计意图,虚心接受业主组织的设计交底,做好施工组织设计,做好项目施工交底和工艺、标准宣贯,规范全员作业行为,强化施工过程的安全质量控制,做到工艺规范标准化,实现工程创优目标。

3.4 施工准备

3.4.1 熟悉图纸、统计工程量

(1)认真阅读设计说明,仔细查看系统图和其他施工安装图。
(2)统计图纸工程量。

3.4.2 现场调查

(1)查看施工现场,落实通信铁塔建筑位置,落实各类无线通信设备在机房、区间的安装地点、数量,落实区间漏缆走向、架设位置和标高。

(2)通过现场调查、设计交流正确理解设计文件内涵,通过现场测量和图纸比对,核实有效工作量,为施工组织设计和物资采购计划准确提报提供可靠依据。

3.4.3 施工图交底

通过参加业主组织的施工图交底,正确理解设计意图和业主对工程工期、安全、质量的总体要求和现场管理体制。

3.4.4 技术交底

根据设计文件、施工图交底、相关会议纪要、现场调查资料,编写切实可行的施工组织设计、施工技术交底资料。在得到项目主管和上级主管部门批准后,提交监理和业主工程师进行审核,批准后的施工组织设计将作为施工过程中的重要管理文件。编写的施工技术交底资料应向全体施工人员宣贯,内容包括各分部分项工程施工工艺标准、质量要求、质量卡控重点等。通过多批次的专项技术交底和技术培训,传承和提升专业施工技能。

3.4.5 提报物资采购申请

(1)以施工图为依据,结合施工调查和测量数据,编制总的物资申请计划,并结合施工进度分批提报物资需求计划和供应计划,并通过开展限额领料,减少材料浪费。

(2)物资需求计划包括:

1)工程所需的材料、设备需求计划。

2)为满足工程施工需要安排的人材机资源计划等。

3.4.6 物资到货检验

(1)物资采购经过招标、技术谈判、合同签订等流程后,按照合同约定供货。

(2)材料设备到货后,应及时通知监理、业主进行到货检验。设备开箱检验,厂家派人参加,并共同签认开箱检查证,设备开箱检查证参见第 2 章表 2-4。

3.5 无线通信工程施工

3.5.1 铁塔基础

1. 施工流程

基础定位放线→基坑开挖→钎探→夯实找平→防雷接地预埋→模板加工及安装→钢筋预制及绑扎→承台混凝土浇筑→支柱混凝土浇筑→基础养护→基础回填→柱脚包封。

2. 基础定位放线

(1)基坑定位

基础定位放线以设计平面图、基础建筑图为依据,结合就近机房位置、现场调查记录,避开安全红线,合理选择基坑位置,如图 3-1、图 3-2 所示。

图 3-1 车站铁塔基坑定位

图 3-2 区间铁塔基坑定位

(2)基坑放线

基坑放线时,应先测量四角标高并将标高线外引,以便校对。基坑放线应考虑基坑土质、开挖方式、堆土方式,合理设定边线,并用石灰粉标定基础边线。

3. 基坑开挖

(1)基坑开挖前应做好施工区安全警示与防护,做好施工人员安全培训,确保施工安全。如图 3-3 所示。

(2)基坑开挖前应向车站和附近村民了解基坑附近地质、地貌情况,以便开挖时采取相应的防护措施。

(3)基坑开挖应以标定的位置和边界分层开挖,不论是机械开挖还是人工开挖都应连续完成,基坑出土放在距基坑边缘 0.5 m 以外。

(4)开挖中一旦发现基坑下为流砂、垃圾填埋场或坚石地貌,应及时报请监理和设计单位,以便设计对地处复杂地质结构的基坑采取土方换填、基础放大、基础类型、基础位置调整等方案变更。

(5)人工开挖铁塔基坑,应因地制宜在坑边设置挡墙、警戒绳或防护网,并设专人防护,确保施工安全,如图 3-4 所示。

图 3-3 安全警示标识

图 3-4 基坑施工防护

4. 钎探与找平

基坑找平夯实后,用钎探仪对基坑承载平衡度进行测试,如图 3-5 所示。

5. 基坑垫层

(1)利用基坑标高基线核对基坑深度,并对基坑底面大小进行复核,找平夯实后,即可进行基坑垫层施工。

(2)为保证基础制作质量,基坑垫层厚度应≥100 mm,边摊铺边找平,如图 3-6 所示。

图 3-5 基坑钎探检查

图 3-6 基础垫层施工

6. 基础编筋

(1)铁塔基础编筋前应先确定承台边线、垂直立柱中心点位置,核准后,划成十字网格进行标注,然后沿格子线摆放钢筋,并用多股 2.0 mm² 钢丝进行绑扎。如图 3-7～图 3-10 所示。

图 3-7 承台边界确认

图 3-8 立柱定位

图 3-9 承台编筋

图 3-10 立柱编筋

(2) 用可调支架校正铁塔的四个立柱位置，如图 3-11 所示。

(3) 铁塔基础配筋规格型号应符合设计要求，基础编筋不得随意接头。钢筋接头采用电渣压力焊焊接，一个基础的钢筋接头总数不超过 3 个，所有接头应搭接、满焊，焊接质量合格。

图 3-11 立柱校正

7. 防雷地线

(1) 铁塔地线应按预配位置打入基础坑，用镀锌扁钢沿铁塔基础的四个立柱筋引至四个立柱顶面。

(2) 铁塔地网接地电阻≤4 Ω。

(3) 有条件的基站，应将铁塔基础地网与机房地网、贯通地线连通，使其接地电阻≤1 Ω。

8. 承台浇筑

(1) 承台钢筋编好后，应按承台浇筑标高设置模板。

(2) 承台浇筑所用混凝土的强度应符合设计要求，为保证铁塔基础浇筑质量，就近选用经地方政府批准的商品混凝土站供应商品混凝土，商品混凝土配合比应保留，作为基础验收基础资料。如图 3-12、图 3-13 所示。

图 3-12 承台支模

图 3-13 配合比公示

(3)混凝土入模温度不宜高于30 ℃,冬期施工,混凝土出机温度不宜低于10 ℃,入模温度不应低于5 ℃。当温度较低时,应采取保温措施。

(4)基础浇筑过程中,应及时分层捣固、提浆、找平,使其浇筑均匀,保证承台顶面平整。如图3-14、图3-15所示。

图3-14 承台浇筑　　　　　　图3-15 承台养生

9. 立柱及连系梁浇筑

(1)承台和立柱间的施工间隔不宜过大,一般要求两次混凝土浇筑的时间间隔不超过2 h。二次混凝土浇筑前,应对已硬化的混凝土表面凿毛,露出新鲜的混凝土表面,并洒水使其保持湿润。

(2)立柱和连系梁支模前,应对立柱钢筋再次校正,调整环筋间距使其均匀,间隔符合设计要求,然后锁紧模板和立柱支撑杆,为混凝土浇筑做好准备。如图3-16、图3-17所示。

图3-16 立柱支模　　　　　　图3-17 立柱浇筑

(3)从商品混凝土站运来的商品混凝土,在做基础浇筑的同时,每车应同步提取3个标准试块作为送检样品,以验证商品混凝土站提供商品混凝土的质量是否合格。

(4)立柱捣固过程中,要经常校对各塔靴的中心间距和高度偏差,确保两项偏差均控制在±3 mm范围内。

10. 基础养生及拆模

(1)基础养护应在混凝土浇筑完成12 h内用草垫或塑料薄膜覆盖,洒水养护,养护时间不少于28 d。当环境温度低于5 ℃时禁止洒水,并适当延长养护时间。如图3-18所示。

(2)当混凝土开始自然凝固,且混凝土芯部已开始降温,方能拆模。拆模时混凝土芯部与表面、表面与环境之间的温差不得大于20 ℃,且大风及气温急骤变化时不应拆模。

11. 地线引接

从基础承台引出的地线引线应牢固地焊接在立柱的地脚法兰上,焊点面积不应小于引接地线截面积的2倍,焊接后用沥青漆防腐处理,如图3-19、图3-20所示。

图3-18　基础养生　　　　图3-19　四柱塔地线

12. 基坑回填

(1)铁塔基础养生完成后,应将基坑进行回填、夯实处理。

(2)基坑回填时,应保护好地脚螺栓,并刷防锈剂,如图3-21所示。

图 3-20 独管塔地线　　　　图 3-21 基坑回填

13. 填报施工记录

铁塔基础施工应填写的施工记录主要有模板安装检查记录表、混凝土拆模检查表、混凝土施工检查表、设备基础隐蔽工程检查证、混凝土养护记录表、铁塔地线电阻测试记录等。见表 3-1～表 3-6。

表 3-1 模板安装检查记录表

编号：质检—15

工程名称		××标段通信工程			工程部位		铁塔基础
工程地点					检查日期		
模板类型					厚度(cm)		
平整度(mm)		允许值	2	检测点	最大值		合格率
尺寸偏差(mm)	长	允许值	5	实测值	上	中	下
	宽	允许值	5	实测值	上	中	下
	高	允许值	3	实测值	上	中	下
垂直度或坡度							
接缝情况							
轴线偏位(mm)	横	左端			右端		
	纵	前端			后端		
稳定情况							

续上表

自检情况		平面位置示意图	
主管工程师			
填表单位			
监理工程师意见及签名			

表 3-2 混凝土拆模检查表

编号：质统—10

工程名称	××标段通信工程			灌注日期				
				拆模时间				
工程地点				工程部位			铁塔基础	
混凝土强度	设计	C30	实测	1	2	3	平均	
顶面标高	实测位置							
	标　高							
平整度(mm)	允许值	2	检测点		最大值		合格率	
轴线偏位（mm）	横	左端			右端			
	纵	前端			后端			
尺寸偏差（mm）	长	允许值	5	实测值	上		中	下
	宽	允许值	5	实测值	上		中	下
	高	允许值	3	实测值	上		中	下
垂直度或坡度								
外观缺陷		部　位			缺陷面积		所占比例(%)	
	蜂窝麻面							
	露筋							
	掉角							

续上表

自检情况		图　示	
主管工程师			
施工单位			
监理工程师意见及签名			

表 3-3　混凝土施工检查表

编号:质统—08

工程名称	××标段通信工程		合同段		
单位工程名称	无线通信		施工部位	铁塔基础	
施工时间	开始		结束		
施工气温	最高		最低		
拌和方式			运输方式		
水泥品种及强度等级			水泥用量（kg/m^3）		
施工配合比			水胶比		
外加剂	名称		掺入量		
实测坍落度(cm)	1	2	3	平均	
试件	组数		编号		
施工间断情况记录					
冬季防寒保温措施及入模温度					
自检意见及主管工程师签名					
监理工程师意见及签名					
施工单位			检查时间		年　月　日

表 3-4　设备基础隐蔽工程检查证

编号：铁程检—45

施工地点		基础名称	铁塔基础
基础型号		外形尺寸	
场坪设计标高		基坑实有标高	
开挖日期		开挖尺寸	
垫层厚度		浆砌片石体积	
混凝土设计强度等级		基础浇筑日期	
浇筑时气温		水泥强度等级	
外加剂名称		水胶比	
配合比			
养护方式		养护天数	
回填方式			
试块尺寸		试验日期	
备注			
质量工程师		主管工程师	
施工负责人		监理工程师	

注：本表适用于电力和电气化工程的各类基础。

表 3-5　混凝土养护记录表

编号：质统—11

工程名称	××标段通信工程		工程部位		铁塔基础	
工程地点			灌注日期			
外界气温(℃)	最高		最低		平均	
养护期	开始		结束			
养护方法	覆盖		洒水		次/h	
冬季施工	防寒保温措施					
	测温记录	日期	温度	日期	温度	日期	温度

续上表

自检意见及签名	
监理工程师 意见及签名	

施工单位：　　　　　　记录人：　　　　　　主管工程师：

表 3-6　铁塔地线电阻测试记录

施工单位：　　　　　　　　　　　　　　　　测试人：

铁塔位置		铁塔类型	
地线引接线		接地极数量	
地线测试时间		测试仪表	
地线测试值			

3.5.2　铁塔组立安装

1. 四柱(管)塔安装

(1)铁塔组立是高空作业，施工人员应接受高空作业专项培训、技术培训，经综合考核合格后方可上岗。

(2)铁塔安装常采用自立式组装方式，安装前应将塔靴、螺栓、螺帽、各类连接件进行分类试装，然后再登高组装。

(3)塔靴作为第一个要安装的部件，安装前应再次确认各塔靴的中心间距和塔靴基础螺栓的高度偏差和位置偏差，当两项偏差在±3 mm 以内时，方可正常安装。

(4)四柱铁塔每装一层结构件，都要进行测量和校正，然后旋紧连接螺栓。

(5)穿入结构件的螺栓方向应一致，螺母拧紧后螺栓外露丝扣应不少于 2 扣。

(6)四柱铁塔安装后其垂直误差应符合设计要求。每装一层用经纬仪校对一次，确保铁塔组装质量。

(7)铁塔的塔顶避雷器、工作平台及天线支架安装时，其标高、垂直度应符合设计要求。工作平台踏板应安装水平,倾斜度偏差≤±2 mm。

(8)铁塔避雷针应和接地引下线可靠连接,连接处应做防腐处理。

(9)铁塔的爬梯有内置和外置之分,选用内置爬梯时,应"落地生根",保证爬梯结构稳定,如图3-22所示。

图3-22 铁塔爬梯

(10)铁塔地脚螺栓必须用双螺母固定。

2. 单管铁塔安装

(1)单管铁塔一般设在车站,可采用分段组装或整体吊装方式安装。现场组装时应注意调节各节杆体之间的直线度,各连接螺栓应旋紧,确保一次吊装、紧固成功。

(2)单管铁塔采用分段吊装、空中对接时,每节塔体吊装就位后,应先穿高强度螺栓,待垂直度检查合适后,再将所有螺栓旋紧。

(3)单管塔的工作平台、爬梯、天线支架、抱杆、走线架、走线槽和避雷器等附属部件安装,应按设计标高、位置实施,塔体与塔基螺栓应采用双螺母固定。

(4)铁塔避雷针引接地线应可靠连接,接地电阻值应符合设计要求。

3. 铁塔成品安全保护

(1)通信铁塔工作平台应设高度不低于 1.1 m 的护栏,爬梯应设防护网。

(2)通信铁塔组装完成后,应及时粘贴成品保护标识,做好成品保护。

4. 避雷针

(1)铁塔顶部的避雷针引下线,应按要求设置截面积不小于 50 mm^2 的铜带或截面积不小于 80 mm^2 的镀锌扁钢引至地脚的接地螺栓,以保证避雷针可靠接地,铁塔接地电阻值应符合设计要求。

(2)避雷针的高度应可靠保护塔顶天线,避雷针防护角为 45°。

5. 塔靴包封与塔基场坪硬化

(1)铁塔安装后,经过 3~6 个月的风载试验,再用经纬仪进行测量,看其倾斜度是否超差,检查塔脚及塔身螺栓是否有松动。偏差调整后,将所有螺栓涂上防松剂,地脚螺栓和塔靴用混凝土整体包封,使其完全隐蔽。

(2)塔脚包封所用混凝土强度与铁塔基础浇筑强度一致,包封前应将塔脚混凝土面凿成毛面,然后进行包封和养护处理,如图 3-23、图 3-24 所示。

图 3-23 四柱塔塔脚包封　　图 3-24 独管塔塔脚包封

(3)塔基场坪在铁塔地线验收合格、塔靴包封后,用强度等级≥C15 的混凝土硬化,厚度 8～10 cm,如图 3-25 所示。

图 3-25 塔基场坪硬化

3.5.3 漏缆架设施工

1. 常见漏缆结构

常用的漏缆分为自承式和非自承式两种,如图 3-26 所示。

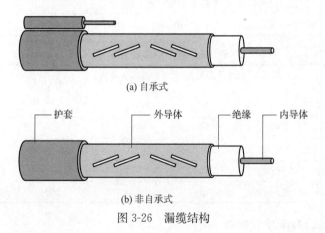

图 3-26 漏缆结构

2. 漏缆配盘

漏缆因结构特殊,成缆半径大,为便于运输,减少漏缆施工损耗,施工中采用盘长预配、定长成缆,长度控制在 500 m 以内(特殊情况除外)。

3. 漏缆主要指标

(1)漏泄同轴电缆和射频电缆的交、直流特性见表3-7、表3-8。

表3-7 漏泄同轴电缆交、直流特性

序号	项目		单位	漏泄同轴电缆规格代号		
				42 mm (1-5/8″)	32 mm (1-1/4″)	22 mm (7/8″)
1	内导体直流电阻	光滑铜管	Ω/km		0.69	1.09
2		螺旋皱纹铜管	Ω/km	0.88		
3	外导体直流电阻		Ω/km	0.42	0.57	1.2
4	绝缘电气强度(DC,测试1 min)		V	15 000	10 000	10 000
5	最小绝缘电阻		MΩ·km	5 000		
6	特性阻抗(900 MHz时)		Ω	50±2	50±2	50±2
7	最大衰减常数(900 MHz时,20 ℃)		dB/100 m	2.2	3.0	5.0
8	最大耦合损耗(距电缆2 m处,95%的测量值)		dB	69	75	78
9	最大电压驻波比(在880～930 MHz时)			1.2		

表3-8 射频电缆特性指标

规格	内导体最大直流电阻(20 ℃)(Ω·km)	外导体最大直流电阻(20 ℃)(Ω·km)	最小绝缘电阻(MΩ·km)	最大电压驻波比
32 mm(1-1/4″)馈线	0.78	0.66	3 000	1.20
22 mm(7/8″)馈线	1.20	1.20	3 000	1.15
12 mm(1/2″)馈线	1.62	2.08	3 000	1.20
12 mm(1/2″)超柔馈线	2.97	3.54	3 000	1.20

(2)漏缆单盘检查。

1)内外导体直流电阻。用直流电桥在常温下对漏泄同轴电缆和射频电缆的内外导体电阻进行测试,然后换算成标准温度(20 ℃)下的测试值,再与标称值比对,判断其电阻是否符合相应规范要求。

2)电气绝缘强度。用耐压测试仪按照漏泄同轴电缆和射频电缆给定的测试电压和测试时间对其进行电气绝缘强度测试,不击穿为合格。

3)绝缘电阻。用高精度绝缘电阻测试仪对漏泄同轴电缆和射频电缆进行测试,电压为500 V,测试的绝缘电阻值应不小5 000 MΩ。

4)电压驻波比测试。漏泄同轴电缆和射频电缆的电压驻波比常用驻波比测试仪测试,满足表3-7、表3-8中的要求。

5)外观检查:目测漏泄同轴电缆和射频电缆的包装物及缆身有无破损和挤压,目测缆身结构是否存在外观不均匀等缺陷,目测缆身标识是否清晰可辨等。

6)检查中若缆线的电气特性任一项不合格,或外观检查中任一项存在不可弥补的严重缺陷,都将作为不合格电缆的退换条件和证据。

4. 到货检验

(1)漏泄同轴电缆到货后,应及时通知监理和厂家现场验货,填写漏缆到货报验记录,并及时组织单盘测试。

(2)漏缆单盘测试记录见表3-9。

表3-9 漏缆单盘测试记录

盘号_____　　　漏缆规格_____　　　单盘长度_____
检查(测试)人_____　　　　　　　　　　测试时间_____

检查项目		检查方法	仪表型号	检查结果(测试值)	参照标准
外观检查		目测			
对号		万用表			
漏缆内外导体电阻	内导体(Ω)	直流电桥			
	外导体(Ω)				
漏缆内外导体间绝缘(MΩ·km)		绝缘电阻测试仪			
漏缆电气绝缘强度(5 kV,2 min)		绝缘电阻测试仪			
最大电压驻波比		驻波比测试仪			

5. 漏缆夹具到货检验

(1)漏缆夹具数量大,检验时间长,工作应有耐心。

(2)检查重点是锚栓、螺杆与夹具是否配套和齐全,直观检查要认真,确保每套夹具没有瑕疵。检查中一旦发现夹具问题,应及时让厂家确认,对发现的夹具问题,由物资部门负责和厂家办理退换事宜,严禁不合格夹具用在工程中。

6. 漏缆夹具安装施工

(1)夹具定位画线。

1)按设计规定的漏缆挂设端面图,以轨面为基准划线,确定夹具的安装位置、高度、防护方式。

2)在电气化区段,漏缆与回流线应分侧设置,同侧架设时,漏缆应与回流线保持 60 cm 间隔,交越处用聚乙烯管进行安全保护。

3)夹具定位画线时,常用水平管或墨线仪先将轨面 1 m 基线引至洞壁,再沿洞壁引至漏缆架设标高,也可用单轨梯车与红外墨线仪结合,使漏缆架设标高直接引至洞壁,再用画笔在洞壁上标记。

4)漏缆夹具与洞壁间保持 80 mm 间距;夹具间距 1 m ± 50 mm,划线时由梯车自带定长测距装置精准卡控。如图 3-27 所示。

图 3-27 单轨梯车画线

(2)无线漏缆夹具安装施工中,常采用多工序流水作业,以实现锚栓定位、打孔、孔深验证、锚栓安装、夹具安装、紧固、全过程的自检、互检和成品质量确认,并对施工过程中发现的瑕疵及时整改,实现一次质量验收合格,不留瑕疵。如图 3-28 所示。

图 3-28 多工序流水作业

(3)漏缆防火夹具通常每 10 m 一处,在隧道转弯处每 5 m 设一处,以提高漏缆夹具在隧道内弯处的承载力和防火隔断能力。

(4)漏缆普通夹具及锚栓由聚合物材料制成,防火夹具及锚栓均由不锈钢材料制成。

(5)首件自检和第三方检验。漏缆夹具的承载力指标直接影响区间漏缆吊挂的安全性,因此,在首件施工第三方监测机构应对其进行拉拔试验,检测、试验合格的夹具方能在工程中应用,如图 3-29、图 3-30 所示。

图 3-29 第三方拉拔试验　　　图 3-30 拉拔自检

(6)直壁隧道和曲面隧道漏缆夹具安装成品如图 3-31 所示。

图 3-31 夹具安装成品

7. 漏缆分类及安装高度

(1)专用通信漏缆设在轨面 4.2~4.5 m 处;警用通信漏缆设在专用漏缆的下方约 300 mm 处;民用通信的收发信漏缆分设在列车车窗的上下沿等高的洞壁上。

(2)图 3-32 中上边第一层是专用通信漏缆,第二层为警用通信漏缆,第三层和最后一层为民用通信漏缆。

图 3-32 隧道漏缆

8. 漏缆展放

(1)人工展放应安排足够的人力,两人间隔 5~7 m。机械牵引时,速度不超过 15 km/h,均匀展放,避免人少、速度快出现浪涌或缆线落地而造成缆线折伤或剐蹭损伤,从而影响缆线电气特性,如图 3-33、图 3-34。

图 3-33 人工展放　　　　图 3-34 轨行车展放

(2)漏泄同轴电缆展放及使用时,其弯曲半径应符合表 3-10 的要求。

表 3-10　漏泄同轴电缆弯曲半径

序号	项目	漏泄同轴电缆代号		
		42 mm (1-5/8″)	22 mm (7/8″)	12 mm (1/2″)
1	最小弯曲半径(单次)(mm)	600	400	240
2	最小弯曲半径(多次)(mm)	1 020	760	500

(3)射频同轴馈线电缆展放及使用时的弯曲半径见表 3-11。

表 3-11　射频同轴馈线电缆弯曲半径

规格代号	最小弯曲半径(mm)(单次弯曲)	最小弯曲半径(mm)(多次弯曲)
22 mm (7/8″)	140	250
12 mm (1/2″)	80	125

9.漏缆吊挂

(1)漏缆上的漏泄槽具有方向性,吊挂时,漏泄槽应朝向铁路轨道侧。

(2)漏缆吊挂应多梯配合,从隧道一端向另一端逐个卡在对应的漏缆卡具上。禁止从两端向中间合拢,避免出现预留弯。如图3-35、图3-36所示。

图 3-35　平抬漏缆　　　　　图 3-36　挂漏缆

(3)漏缆在电气化区段与回流线、接地母线应分侧设置;同侧设置时,间隔应≥0.6 m;与回流线、接地母线交越时,漏缆上套聚乙烯套管进行保护。

(4)漏缆与其他管线交越时,间距≥30 cm;同侧多条漏缆架设时,最小间距应≥30 cm。

(5)漏缆卡具具有方向性,其中防火夹具螺母卡槽在上,如图3-37所示;普通吊夹锁钩从上向下勾,如图3-38、图3-39所示。

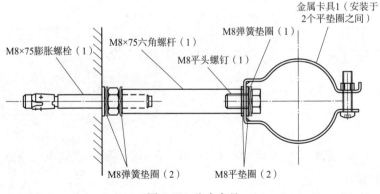

图 3-37　防火夹具

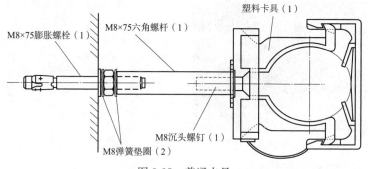

图 3-38 普通夹具

图 3-39 漏缆普通夹具

(6)漏缆沿钢绞线吊挂时,扎扣在上边,如图 3-40 所示。

图 3-40 扎带式卡具

(7)漏缆沿洞壁挂好后,整体外观平顺,末端应做好临时固定,如图 3-41、图 3-42 所示。

图 3-41 铁路漏缆成品
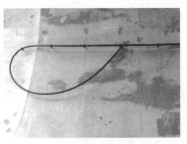
图 3-42 挂漏缆

10. 漏缆常见吊挂方式

漏缆常见吊挂方式如图 3-43～图 3-46 所示。

图 3-43 洞内壁挂

图 3-44 护坡上吊挂

图 3-45 路肩外立杆吊挂

图 3-46 接触网杆上吊挂

3.5.4 漏缆接头制作

1. 接头制作准备流程

施工准备→缆线理直→端头切平→端面清洁→测量端头制作长度→外护套切除→内导体清洁→完成接头制作准备。

2. 制作准备

接头制作准备如图 3-47 所示。

1.将需要装接头的一端取直

2.将漏缆端面锯平

3.用钢丝刷将端面碎屑刷清

4.保证端面及内导体的清洁

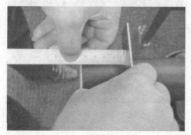

5.按照接头包装盒中说明书标注的尺寸切割并剥除外皮

图 3-47

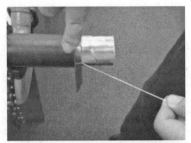

6. 切除裸露在外的包裹线和塑料薄膜

7. 用安全刀为漏缆内导体清除毛刺　　　　8. 使用手锉为外导体清除毛刺

图 3-47　接头制作准备

3. 分体式接头组装

分体式接头组装如图 3-48 所示。

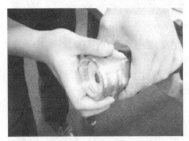

1. 装入接头后体　　　　　　　　2. 将后体推到底部并装入压紧环

图　3-48

3. 旋入顶针并将其紧固

4. 旋入接头前体，使前体与顶针紧配

5. 接头前体与顶针旋紧后，将后体旋入前体

6. 固定前体同时旋紧后体

7. 接头制作完毕

图 3-48 分体式接头组装

4. 一体式接头制作安装

一体式接头制作安装如图 3-49 所示。

3.5.5 天馈线附件安装

1. 射频馈线接地件安装

1. 套上压紧铜环（注意凹槽向外）

2. 用尼龙锤轻轻向内敲击

3. 压紧铜环须与漏缆端面平齐

4. 旋松接头并推入漏缆顶紧

5. 顶住前体不动并旋紧后体

6. 固定前体不动，旋转后体并紧固，即完成接头安装

图 3-49　一体式接头制作安装

(1)从天线引下的馈线电缆应在顶部、中部和末端设置接地卡,以保证设备防雷效果。

(2)接地件直接包裹在馈缆的外铜皮上,使用铜棒卷动铜皮紧固,如图 3-50、图 3-51 所示。

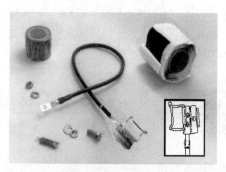

图 3-50　接地卡附件

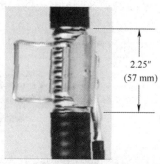

图 3-51　接地卡安装

2. 射频跳线安装

漏泄同轴电缆和射频同轴电缆的接头应采用 1/2 跳线换接,跳线应在接头的下方做盘留弯,两接头间距应大于 500 mm。如图 3-52、图 3-53 所示。

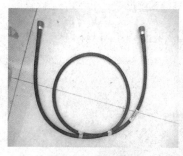

图 3-52　1/2 跳线

图 3-53　跳线余留方式

3. 漏缆接头质量监测

漏泄同轴电缆和射频同轴电缆接头制作后,用天馈线测试仪对其接头进行驻波比测试,确认合格后,再做防水、防潮处理。

4. 接头防水处理

(1)去除缆身所有标签及定向筋,从距接头 51 mm 处开始,用 19 mm 宽的防水胶带采用半宽层叠缠绕,跨过接头再缠绕 51 mm。

(2)剪 305 mm 长的橡胶带,用于 42 mm(1-5/8″)至 12 mm(1/2″)馈线连接绕包。剪 102 mm 长的橡胶带,用于 22 mm(7/8″)至 12 mm(1/2″)的连接处绕包,如图 3-54 所示。

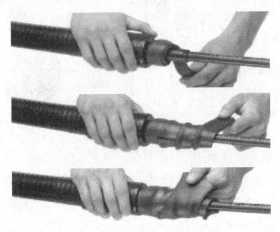

图 3-54　接头缠绕橡胶带

(3)锥形接头用宽橡胶带从锥形表面缠绕,以保证防水质量,如图 3-55 所示。

图 3-55　锥形头宽橡胶带绕包

(4)小接头用橡胶带缠绕住整个连接头,缠绕时边拉伸边交叠缠绕,并将交叠处胶带压平,如图 3-56 所示。

图 3-56 橡胶带缠绕

(5)接头防水采用三层防水胶带和两层防水胶泥交替缠绕,每层胶带或胶泥采用半宽交叠缠绕,并压平,如图 3-57 所示。

图 3-57 外层塑料胶带缠绕

3.5.6 漏缆机房引入及预留

(1)漏缆引入机房前,应在室外做滴水弯,预留 0.2~0.3 m。机房引入口应设馈线窗,做好防水封堵,如图 3-58 所示。

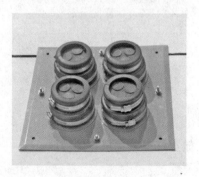

图 3-58 馈线窗

(2)漏缆在隧道内接头或进行换接,应使用1/2射频跳线,以便接头维护。

(3)漏缆在引入室内设备前应加装直流阻断器或避雷器,如图3-59所示。

图3-59 终端防雷箱

3.5.7 区间基站室外接地箱

区间基站室外接地箱是为天馈线室外接地用的,施工时应注意引接,如图3-60所示。

图3-60 室外接地箱

3.5.8 天馈线、航空灯安装及避雷针接地

1. 天馈线安装

(1)天线不论是在杆上还是塔上,均应设在避雷针的防护范

围内。

(2)天线的安装高度、方向、仰角应符合设计要求。多层天线的纵向间隔不小于 30 cm。

(3)全向收发天线间距不小于 3 m,全向天线离塔体距离不小于 1.5 m。

(4)天线应固定在支架的主杆上,松紧程度应确保承重和抗风,不宜过紧,以免损坏天线护套。

2. 航空灯安装

铁塔航空灯装在塔顶的避雷针上,以便空中瞭望,如图 3-61 所示。

3. 避雷针接地

天线杆、塔的避雷针引下线应符合设计及规范要求,塔高超过 30 m 的,引接地线应为铜带或铜排,截面积≥50 mm^2。避雷地线的接地电阻≤10 Ω,有贯通地线的,杆塔分设的地线应与贯通地线相连,接地电阻≤1 Ω。

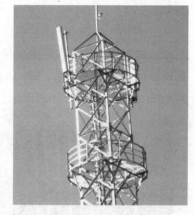

图 3-61 航空灯

3.5.9 天馈线调整

1. 室外天馈线调整

(1)用罗盘确定天线方位角

1)松开天线下部的固定螺栓,轻轻扭动天线,用罗盘观测偏转角,当天线的方位角与标定值接近(偏差≤5°)时,即可将天线下部的固定夹旋紧。

2)电气化区段使用罗盘时,应注意外来磁场对罗盘的影响。

(2)角度仪确定俯仰角

1)俯仰角是指天线轴线与水平面之间的夹角,用角度仪确定俯仰角的角度。

2)轻轻搬动天线,调整天线上部固定夹直至俯仰角满足设计指标,允许误差≤0.5°,然后将天线上部的固定夹旋紧。

3)天线调节过程中,必须保护好已固定好的馈线和接头。

2. 天馈线驻波比测试

驻波比测试仪是判断天馈线及其接头质量的关键测试仪器,使用前应先校准,再测试。从设备侧测得的天馈线驻波比应小于1.2。

3. 室内天线调整

室内吸顶天线应设在金属吊顶的下方,收发信号分开的天线,其间距保持1.5 m左右,不同运营商的天线也应保持1.5 m左右的距离,如图3-62、图3-63所示。

图3-62 收发信号分开的天线   图3-63 不同运营商的天线

4. 洞口天线调整

洞口天线的覆盖范围应符合设计要求,覆盖范围较小时可设在洞口上方的挡板上,所有天线的间距保持在1.5 m左右,当覆盖范围不足时,应将天线通过加高进行调整。

5. 顶棚天线调整

(1)高架站台、车库内天线固定在顶棚的骨架上,高度、位置应符合设计要求,如图3-64所示。

 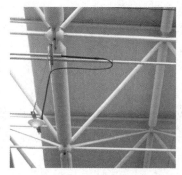

图 3-64 顶棚天线

(2) 区域内吸顶天线无线覆盖有盲区时,可根据现场情况,适当改变天线高度和位置。

3.5.10 天馈线固定

天馈线从室内沿地槽引至铁塔顶部时,引上钢管与铁塔结构件固定,管口做防水封堵,如图 3-65 所示。

图 3-65 天馈线护管

3.5.11 天馈线接地

天馈线从塔顶到机房一般要求三次接地(顶部、中部和入室前),每处设防雷接地夹一个,并与引下接地线可靠连接。如果馈线超过 40 m,每 20 m 接地一次,接地连接点应做防腐、防蚀处理。

3.5.12 无线通信设备安装

1. 设备到货检验

无线通信设备到货后,应及时通知监理、业主和设备商,共同见证设备开箱,以便及时发现设备生产、装箱、运输环节是否存在缺陷,签认"设备开箱检查证"(设备开箱检查证参见第 2 章表 2-4)。

2. 机房无线通信设备安装

(1)无线通信设备及其附属设备应同排安装,垂直度允许偏差≤1‰,正面对齐。

(2)设备安装可借助红外墨线仪、防晃线坠等工具进行监测,当偏差超标时,通过加减平垫片、修正地坪等方法使其达到规范要求,然后旋紧设备落地固定螺栓或连接底座螺栓,如图 3-66 所示。

图 3-66 设备调平

(3)无线通信设备安装、配线后,经自检合格的应及时提请监理工程师检查验收,并在工程检查证上确认,见表 3-12。

表 3-12　工程检查证

编号:铁程检—44

设　备　安　装			
工程名称		施工单位	
工程地点		检查日期	
设备名称		设置地点	
检查结果			
1. 施工日期			
2. 设计变更情况			
3. 试运转情况			
根据以上检查认为			
决　　定			
主管工程师		施工负责人	
监理工程师			年　月　日

3. 馈线及接头固定

(1)天馈线引入无线设备前应设走线架或扩展柜,以便馈线引入与固定。

(2)天馈线引入机房后,使用 1/2 跳线引至设备,馈线及接头应整齐地固定在爬架上,并做好标识,如图 3-67 所示。

图 3-67　馈线接头固定

4. 无线通信设备配线

(1)无线通信设备配线应注意缆线引入位置,以便在机柜内固定和绑扎,如图 3-68 所示。

(2)无源功分器、耦合器一般设在扩展柜内,如图 3-69 所示。

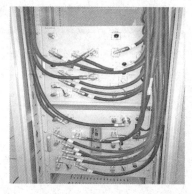
图 3-68 无线通信设备

图 3-69 无线扩展柜

(3)车站无线终端设备设在车站值班室,如图 3-70 所示。

图 3-70 车站无线台

5. 区间基站设备安装

(1)区间无线通信基站设备不论设在机房还是洞壁上,均应设置底座或支架。

(2)在洞壁安装时,设置的支架应使设备离墙 5 cm,以防洞壁渗水直浸设备。

(3)设备的进线孔缆线引接后,应将缆线引入口封堵,确保设备运行安全,如图 3-71 所示。

图 3-71　机房设备配线

(4)设有基站房屋的,应设通风空调设施,保证无线通信设备的工作环境要求。

(5)设备侧馈线应从设备下方引入,预留不少于 0.5 m,以便缆线施工和运营检查维护,所有缆线应做标识。

(6)落地设备应设底座安装,垂直度符合规范要求。

3.5.13　无线通信系统调试

1. 无线通信系统指标

全网场强覆盖电平应高于 -95 dBm,车载机车台车顶天线的最小接收电平应不低于 -92 dBm。不同线路的 GSM-R 无线网络覆盖方式和场强指标见表 3-13。

表 3-13　不同线路的 GSM-R 无线网络覆盖方式和场强指标

对 GSM-R 无线网络的要求	300 km/h 及其以上的客运专线	200～250 km/h 的城际或客货共线线路		200 km/h 以下线路和既有线提速区段			重载货运专线
		列控	非列控	列控	非列控		
					调度集中	非调度集中	
无线网络覆盖方式	交织或同站址双层覆盖	交织或同站址双层覆盖	单层覆盖	交织或同站址双层覆盖	单层覆盖		交织或同站址双层覆盖
机车天线最小可接收电平值(95% 地点、时间概率)	－92 dBm	－92～－95 dBm	－98 dBm	－95 dBm	－98 dBm		－95 dBm

2. 无线通信系统检验与试验

(1)无线直放站设备主要测试项目

1)输入光功率。

2)输出光功率。

3)光接收灵敏度及动态范围。

4)正反向输入、输出电平。

5)静噪门限电平。

6)电源允许输入电压及其波动范围。

7)自动增益控制范围。

(2)基站主要测试项目

1)基站子系统参数进行配置。

2)接口数据配置。

3)系统消息数据配置。

4)切换数据配置。

(3)链路指示调试

通过本地维护终端对上下行链路等进行检查,确保链路正常。

(4)基本性能调试

1)查看单板运行状态、查询信道状态、查询基站对象的属性、查看 CPU 占有率。

2)设置时钟时延、复位、告警等。

(5)设备控制调试

1)进行单板自检。

2)链路环回测试。

3)主备倒换试验等。

(6)发射指标调试

1)最大发射功率。

2)发射载波频率误差、相位误差、射频载波发射功率电平容差。

3)射频载波发射功率时间包络、发射机调制频谱、杂散辐射功率电平。

(7)接收指标调试

1)接收灵敏度。

2)同频干扰保护比、邻频干扰保护比。

3)杂散辐射功率电平。

(8)无线通信系统语音性能

1)语音质量。

2)接通率、掉话率。

3)平均呼叫建立时延。

4)切换失败率。

(9)场强测试

1)无线场强检测结果应符合设计文件要求和相关技术标准的规定。

2)对于不满足设计文件要求的场强覆盖区域,应针对具体原因进行下列调整:

①天线方位角、俯仰角。

②基站设备发射功率。

③设备参数调整。

④天馈线驻波比。

(10)网管功能试验条件

1)操作维护软件运行正常。

2)软件版本是否正确。

3)网络通信正常。

4)数据的配置和上电加载是否完成。

5)单板运行和硬件数据配置的正确性。

(11)网管试验

1)基本业务试验。

2)网管功能试验:网管配置管理;故障管理;测试管理;维护管理;安全管理等。

3. GSM-R 数字移动通信系统调试

(1)移动交换子系统调试

1)移动业务交换中心性能和功能试验。

2)拜访位置寄存器的性能、功能试验。

3)归属位置寄存器性能、功能试验。

4)鉴权中心性能、功能试验。

5)设备识别寄存器性能、功能试验。

6)互联功能单元的性能、功能试验。

7)短消息服务中心的性能、功能试验。

8)确认中心的性能、功能试验。

9)移动交换设备接口功能试验。

10)呼叫业务、功能检验。

11)核心网设备冗余保护功能试验。

12)移动交换子系统软件的容错能力调测。

(2)移动智能网子系统测试

1)业务交换点的性能、功能测试。

2)业务控制点的性能、功能测试。

3)智能外设的性能、功能测试。

4)业务管理点的性能、功能测试。

5)业务管理接入点的性能、功能测试。

6)业务管理生成环境点的性能、功能测试。

7)数据业务配置功能试验。

8)各种业务验证。

(3)通用分组无线业务子系统测试

1)服务支持节点的性能、功能测试。

2)网关支持节点的性能、功能测试。

3)域名服务器的性能、功能测试。

4)认证服务器的性能、功能测试。

5)边界网关的性能、功能测试。

(4)GSM-R无线子系统测试

1)BSC的主要性能、功能测试。

2)BTS的主要性能、功能测试。

3)对中继直放站设备衰减设置,验证下行信号电平覆盖和上下行平衡性能。

4)对直放站设备的主要性能、功能测试。

5)对分组控制设备的主要性能、功能测试。

6)对编译码和速率适配单元的性能、功能测试。

7)对小区广播短消息中心的主要性能、功能测试。

8)对系统接口的功能测试。

9)对无线子系统的功能试验。

10)网管背向接口试验。

(5)GSM-R运营与支撑子系统测试

1)网络管理系统的性能、功能测试。

2)接口监测系统的性能、功能测试。

3)漏缆监测系统的性能、功能测试。

4)SIM卡管理系统的性能、功能测试。

5)系统时间同步功能测试。

(6)GSM-R 无线终端测试

手持终端和无线终端的主要功能测试。

(7)GSM-R 接口测试

主要有 TRAU 与 MSC 间、PCU 与 SGSN 间、MSC 与 FAS 间、MSC 与 PSTN 间、移动台与 BTS 间、BTS 与基站间、MSC 与 RBC 间的接口测试。

(8)GSM-R 系统调试

主要有场强及干扰测试、系统业务及功能试验、系统服务质量调试等。

4. 天馈线指标

天馈线的主要衡量指标一是固有衰减,二是驻波比。天馈线的主要电气指标见表 3-14。

表 3-14 天馈线主要电气指标

检测项目		天馈线规格	42 mm (1-5/8″)	32 mm (1-1/4″)	22 mm (7/8″)	12 mm (1/2″)
直流电阻(Ω·km) (20 ℃)		内导体	0.83	0.72	1.05	1.48
		外导体	0.52	0.62	1.18	1.90
标准电容(pF/m)			76	75	75	75.8
阻抗(Ω)			50±1			
传输速率			88%	89%	89%	88%
最大衰减 (dB/100 m)		450 MHz	1.53	1.87	2.65	4.75
		800 MHz	2.13	2.59	3.63	6.46
		900 MHz	2.29	2.77	3.88	6.87
功率容量 (环境温度 40 ℃, 内导体温度 80 ℃)		450 MHz	7.18	5.22	3.41	1.59
		800 MHz	5.15	3.78	2.48	1.17
		1 000 MHz	4.52	3.32	2.19	1.04

续上表

检测项目	天馈线规格	42 mm (1-5/8″)	32 mm (1-1/4″)	22 mm (7/8″)	12 mm (1/2″)
直流击穿电压(V)		11 000	9 000	6 000	4 000
峰值功率(kW)		315	205	91	40
截止频率(GHz)		3.00	4.00	6.00	8.80
屏蔽衰减(dB)		远大于120			
绝缘电阻(MΩ·km)		$\geqslant 5\times 10^3$			
电压驻波比	0.01~3 GHz	$\leqslant 1.15$			
	820 MHz~2.2 GHz	$\leqslant 1.10$			

5. 无线通信盲区处理

(1)检查确认无线通信设备发射功率是否正常。

(2)检查天馈线驻波比是否合格。

(3)检查天线的高度、仰角、方位角是否和设计一致,并根据无线盲点的位置,再次进行天线方位角、倾角的计算和现场调整,直至复测合格为止。

(4)为避免无线发射设备出现过功率和大功率带来的邻线干扰,一般不通过提高发射功率来改善盲区问题。

6. 无线通信信号切换问题处理

通过调整相邻基站 PBGT 切换启动门限和切换门限 PGBT,实现无线信号无缝切换。

3.6 无线通信工程施工缺陷举例

3.6.1 基础施工

基础开挖、编筋、浇灌期间应注意天气情况,避免积水造成基坑塌方、钢筋锈蚀,影响混凝土浇筑质量等现象发生,如图 3-72 所示。

3.6.2 漏缆敷设吊挂

(1)漏缆在敷设或吊挂中折伤,如图 3-73 所示。

图 3-72 基坑积水

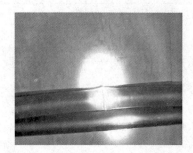 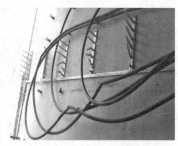

图 3-73 漏缆折伤

(2)漏缆外皮受损点没按要求做绝缘层恢复,如图 3-74 所示。

(3)漏缆吊挂没有按照规范施工,致使漏缆在中间出现预留弯,如图 3-75 所示。

图 3-74 漏缆受损点防护不当　　图 3-75 漏缆预留弯

(4)单轨梯车防护人坐到梯车上,一旦上部失稳,极易造成梯车侧翻等安全事故,如图 3-76 所示。

图 3-76　人员坐在梯车上

(5)施工人员安全意识不强,材料乱丢乱放,致使材料损失严重。

3.6.3　设备配线

不论是机房设备,还是区间设备,走线应规范,预留应一致,否则将影响美观,如图 3-77 所示。

图 3-77　区间设备配线不整齐

4 安全质量管控和文明施工

4.1 安全保证措施

(1)既有线施工应协调好相关配合部门,签订施工安全配合协议。

(2)单位工程开工应做好人材机等资源配置,办理开工报告,批准后实施。

(3)既有线改造、既有通信设备扩容施工,应制定切实可行的专项施工方案,批准后实施。

(4)光缆接续、高空作业、设备吊装等特殊工种施工人员应按规定接受专业培训,持证上岗。

(5)在雷雨、冰雪、能见度低及6级以上大风等环境恶劣条件下严禁室外高处作业。

(6)既有机房施工,严格执行"三不动、三不离"的设备管理制度。

(7)在铁路沿线进行搬运、吊装作业时,作业半径不得侵入铁路建筑限界。人力搬运设备、抬放缆线应配备足够的人力资源和配套机械设备。

(8)夜间施工应有良好的照明条件。在既有铁路上施工应佩戴反光背心、安全帽和头灯等安全用品。

(9)桥上作业应做好施工安全防护。

(10)高处作业禁止抛扔工具、材料。作业人员佩戴合格的安全帽、安全带、反光衣、防滑鞋等,并做到正确佩戴和使用。

(11)人力敷设缆线、人力抬放设备,应设专人指挥,配备性能良好的通信联络设备、照明器材、安全防护器材,保证作业安全。

(12)长大隧道内施工不得一人单独作业,携带的通信设备应工作正常,作业人员应身穿反光背心、头戴安全帽、脚穿防滑鞋。

(13)禁止自制的轮轴不带绝缘又无刹车措施的轨行车辆在既有线上运行。

4.2　质量保证措施

(1)强化技术交底

做好项目的设计文件、图纸学习,真正理解设计意图和用户需求;做好项目执行的验标、规范宣贯,使参建人员明白要干什么、谁来干、执行什么标准,只有这样才能使施工质量得到全面提升。

(2)加强质量监督

施工中坚持自检、互检和交接检查,确保每道工序质量合格,同时,应虚心接受监理单位、建设单位、地方人民政府的质量监督,确保工程质量合格,让用户满意、让用户放心。

(3)线路工程专项质量管控

1)光电缆线路工程应对所用全部缆线进行到货检验,填写检测记录。严禁不合格缆线在工程中使用,对提供不合格缆线的厂家应及时纳入黑名单。

2)直埋隐蔽工程,其缆线沟深及防护应严格按照规范施工,自检合格后,及时报请监理工程师现场检查确认,发现问题及时整改,确保施工质量一次验收合格。

3)缆线敷设采用人工抬放时,应安排足够的人力和辅助机械设备,专人指挥,步调一致。严禁在地上拖拉缆线,损伤其外护套。采用机械牵引敷设时,应匀速前进,严控展放速度,避免"涌浪"和"背扣"现象发生。

4)缆线在平整的沟槽内应平行排列,不得相互扭绞和交叉,缆线应自然落地,弯曲自然,转弯、接头、过轨、过路等特殊地点应按设计要求做预留,并设标桩标识,所有标识信息应清晰可辨。

5)直埋光缆回填72小时后要对光缆金属护套对地绝缘指标

进行测试，不合格的要及时查找处理，光电缆接续前应先分段自检再进行全程指标确认，确保缆线指标符合规范要求。

6）光缆接续应在防尘环境下进行，并用OTDR在线监测接续质量，严禁在雨天、大雾天、下雪天和温度极低环境下接续，确保光缆光纤接续质量。

7）选用的光电缆接头盒应有合格证，接头盒封装前应将接续卡放置其中，封装后应进行密封性检查，确保盒体密封良好，放置在地势平缓、坑底平整、环境安全的接头坑内。

（4）设备安装工程质量管控

1）严格执行设备开箱检查制度，做好四方签认（施工方、业主方、监理方、供应商），填写设备开箱检查记录。

2）虚心接受设备厂家安装测试督导，正确使用安装工具、器材，做好检测仪器仪表校验，规范作业行为，填写测试报告，提供准确的测量数据，保证通信设备安装、调试质量。

3）坚持样板引路，实现规范、统一、质量合格的工艺样板。坚持规范的施工流程和工艺标准，使企业优良的传统工艺和先进的施工技术有机衔接，使企业工艺标准不断完善和提升。

（5）无线通信工程质量管控

1）坚持基础是本，严格作业流程，做好无线铁塔基础。

2）塔上天馈线是传递通信信息的关键，馈线、接头、天线间应连接牢靠，防水措施应完备，确保驻波比合格，保证信号质量。

3）无线通信设备不论是室内还是室外型，均应安装牢固，避免因设备晃动引起馈线松动和损坏。

4）室外无线通信设备应增设防雨、防潮措施，设备供电应稳定，保证设备可靠。

4.3 文 明 施 工

（1）尊重业主、监理、设计及设备供应商，虚心接受各方意见，共同应对施工风险和不良施工环境，实现文明施工。

(2)注重自身修养、维护企业形象。

(3)尊重当地民风、民俗,搞好民族团结。

(4)正确处理接口单位之间的分歧和矛盾,做到互谅互让,以礼待人。

(5)完善各类标识、标牌,做好安全警示和危险提醒。

(6)文明施工,爱护铁路运输设施和既有通信设施。

(7)每项施工完毕,做到人走、料净、场地清,被移动的既有设施、标识应及时恢复。

(8)加强文明施工教育,提升全员文明施工意识。

4.4 文物保护

(1)施工中如发现历史文物、古墓、古生物化石及矿藏等或有考古、地质研究价值的物品时,应立即停工,及时上报业主、当地人民政府及文物管理单位,并采取严密的保护措施,专人值守,接受政府和专业人员勘查确认。

(2)配合文物管理部门做好必要的保护和看管工作。

(3)对已落实为文物保护区的工地,施工时严禁大型机械施工,均采用人工配合小型机械施工的办法,以防文物受到破坏。

4.5 成品保护要求

(1)在已完工的车站站台、站厅、机房等场所施工,所用的工器具及材料搬运中禁止在地面上拖拽。

(2)在新建和既有线路上施工,不乱扔垃圾,做到工作环境清洁,人走场清。

(3)对施工便道、便桥,不仅只是使用,同时也有养护、照管的责任。

(4)进入设备区施工,注意保持清洁,对交叉作业区布置的设备、盘柜应及时加装保护膜、粘贴成品保护牌。

(5)加强成品区看护和巡视,防止闲杂人员触碰和破坏。

(6)加强成品保护宣传和成品警示,提高全员成品保护意识。

后　记

　　坚持良好的文明施工习惯,是企业文明提升的最好表现,良好的企业文化也会给业主、监理留下良好的印象,为企业不断拓展市场起到积极作用。

　　当前,我国正处于现代化建设的伟大征程中,中铁电化人只有不忘初心、苦炼内功、勇往直前,强化执行力,奋力拼搏,才能实现企业的梦想。为了企业复兴,让我们携起手来,积极参与通信专业工艺研究和总结,让我们使用企业的先进工艺和方法,共同打造精美画卷,让我们参建的工程作品就像郑州CBD中心地标建筑一样,耀眼全球,风光无限。